沙尘媒质中电磁波的传播与散射

董群锋　著

U0379356

西安电子科技大学出版社

内 容 简 介

本书共分7章，主要内容包括沙尘暴的物理特性、沙尘暴中电磁波的传播特性、带电沙尘对微波传播的影响、球形粒子对脉冲波的散射、各向同性及各向异性带电球形粒子的散射特性等。

本书可作为从事电磁波散射、电磁波传播、气溶胶遥感、雷达系统和隐身技术等研究的技术人员、研究生及相关专业科研工作者的参考书。

图书在版编目(CIP)数据

沙尘媒质中电磁波的传播与散射/董群锋著. —西安：西安电子科技大学出版社，2018.8

ISBN 978-7-5606-4987-0

Ⅰ.① 沙… Ⅱ.① 董… Ⅲ.① 沙尘暴—媒质—电磁波传播—研究 ② 沙尘暴—媒质—电磁波散射—研究 Ⅳ.① P425.5 ② O451 ③ O441.4

中国版本图书馆 CIP 数据核字(2018)第161658号

策划编辑 戚文艳
责任编辑 曹 锦 阎 彬
出版发行 西安电子科技大学出版社(西安市太白南路2号)
电　　话 (029)88242885 88201467　　邮　　编 710071
网　　址 www.xduph.com　　电子邮箱 xdupfxb001@163.com
经　　销 新华书店
印刷单位 北京虎彩文化传播有限公司
版　　次 2018年8月第1版 2018年8月第1次印刷
开　　本 787毫米×1092毫米 1/16 印张 7.75
字　　数 176千字
印　　数 1～1000册
定　　价 22.00元
ISBN 978-7-5606-4987-0/P
XDUP 5289001-1

＊＊＊如有印装问题可调换＊＊＊

前 言

本书系统地介绍了沙尘媒质中电磁波的传播与散射特性，主要对沙尘、带电沙尘媒质中的电磁波传输特性以及各向同性、各向异性球形粒子散射进行了分析与研究。

第 1 章　绪论。介绍本书研究的背景和意义，概述电磁波在沙尘媒质中的传播特性及各向同性、各向异性球散射特性的研究进展概况。

第 2 章　沙尘暴的物理特性。介绍沙尘暴的概况，包括中国沙尘暴的空间分布和时间分布、沙尘暴的含义、沙尘暴的物理特性，如粒径分布、浓度、形态分布和介电特性等。

第 3 章　沙尘暴中电磁波的传播特性。基于介质球散射理论，研究沙尘尺寸分布对电磁波传播特性的影响；应用空气单位体积中沙尘粒子的相对总体积与能见度的关系，简化沙尘粒子随机分布的复杂性对微波传播的影响，推导出沙尘媒质中微波传播特性的一般模型；应用傅里叶时域积分近似解的方法研究毫米脉冲波在沙尘媒质中的传输效应；研究沙尘媒质中毫米波雷达后向散射特性，推导出沙尘媒质雷达信号衰减公式和反射率因子解析式，建立适用于各种尺寸分布的回波功率和等效目标散射截面模型；应用 Mie 理论研究红外波段沙尘粒子的散射、消光和吸收特性。

第 4 章　带电沙尘对微波传播的影响。基于带电沙粒子的 Rayleigh 散射，提出沙尘粒子指数分布、对数正态分布时微波在带电沙尘中的衰减模型，并进行了仿真计算。针对沙尘粒子的不同尺寸分布，提出适用于各种尺寸分布模型的微波传播特性统一模型，该模型预测结果与实验测量结果一致，并用数值仿真了沙尘尺寸分布对微波传播的影响。结合地空路径的经验模型，推导出地空路径上电磁波衰减和相移的等效模型，并利用典型数据做了相应的计算和分析。应用带电球形粒子的 Mie 散射理论，研究频率、能见度等因素对微波衰减的影响。

第 5 章　球形粒子对脉冲波的散射。根据水的介电特性，讨论了带电水滴对电磁波的散射特性，分析带电水滴归一化的散射截面和吸收截面以及散射截面和吸收截面随粒子尺寸参数、频率的变化关系，并与不带电水滴的情况进行了比较。重点依据 Lorentz - Mie 理论研究球形粒子对脉冲波的散射特性，得到了粒径、脉冲宽度对球形沙尘粒子以及水滴粒子对脉冲波的衰减系数、散射吸收、后向散射和散射相函数的影响规律。

第 6 章　各向同性带电球形粒子的散射特性。结合沿轴向入射电磁波的球形粒子 Rayleigh 散射理论，对电磁波沿任意方向入射时的球形粒子、带电球形粒子的散射特性进行研究，推导出各向同性球形粒子、局部均匀带电球形粒子和局部非均匀带电球形粒子的内/外电势、电场的解析式。利用随机介质中的波传播理论，给出其散射振幅、微分散射截面的表达式，利用数值计算并分析了介电常数、入射角和观察角对微分散射截面的影响。

第 7 章　各向异性带电球形粒子的 Rayleigh 散射特性。结合介质球的 Rayleigh 散射理论，对电磁波沿任意方向入射时的各向异性带电球形粒子的散射特性进行研究，推导出各向异性局部均匀带电球形粒子和局部非均匀带电球形粒子的内/外电势、电场的解析式。

利用随机介质中的波传播理论，给出其散射振幅、微分散射截面的表达式，利用数值计算并分析了微分散射截面随介电张量和观察角的变化关系。

本书是作者在完成国家自然科学基金项目(61102018)的过程中写成的，得到了国家自然科学基金的资助。书中物理概念清楚，理论公式推导严谨、详细。在本书的编写过程中，得到了许家栋教授、李应乐教授、张辉教授、弓树宏副教授的帮助与指导，在此表示感谢。

由于作者水平有限，书中不妥之处在所难免，希望读者批评指正。

董群锋

2018 年 3 月

目　录

第1章 绪 论

1.1 研究背景及意义

人类步入信息社会，无线电作为信息传输和获取的重要手段得到了广泛的开发和应用。无线电技术已普遍应用于人类生活的各个领域，并在各种电磁产品、无线电通信、卫星通信及遥感技术方面得到广泛应用。然而，电磁波在传播的过程中，会遇到自然界的许多随机粒子如雨滴、沙尘暴、冰晶、云雾、气溶胶粒子等大气悬浮粒子，这些粒子对电波的衰减和散射是影响微波、毫米波和红外光学系统工作性能的重要因素。尤其近年来沙尘暴频繁发生，迫切要求在更深入的层次上，对沙尘暴的电磁信息进行定量的研究。

就卫星通信而言，其具有覆盖区域广、不受地理限制、通信频带宽等特点，近二十年来卫星通信已经在极其广泛的领域得到应用。但是，由于通信业务的不断增加，C频段和Ku频段的通信卫星越来越多，现有轨道显得越来越拥挤，因此为了适应军事和民用通信的需求，扩展卫星通信的容量，提高系统的灵活性、抗毁性、抗干扰性及保密性，国际上从20世纪70年代开始进行了Ka频段卫星通信系统的研究和实验工作。日本在1977年发射了一颗34 GHz的传播实验卫星，1991年意大利和1993年美国各发射了一颗Ka频段ITALSAT及ACTS通信卫星，通过实验证实了Ka频段卫星通信系统的可用性。目前，Ka频段卫星通信系统的有关技术已日趋成熟。继ACTS发射后美、日、德又相继发射了十几颗Ka频段卫星，现已投入正式运营。我国在Ka频段卫星通信系统方面的研制必须加强，以赶上世界先进水平。

在卫星通信中采用Ka频段，能够得到较宽的工作频段、增加通信容量等。而卫星通信的质量与接收信号的强度有关，接收信号的强度取决于发射机的功率以及天线的增益和方向性，也要取决于传播距离及电波传播过程中的介质状况等。由于Ka频段频率较高，因此该频段的电磁波在通过恶劣气象环境如暴雨、沙尘暴、冰雪、浓雾等时，水凝物粒子及沙尘粒子对电波产生严重衰减、去极化、多径效应等，以及在地球站附近覆盖的这些粒子沉落在收/发天线上产生沉积效应。以上这些效应将会在不同程度上影响卫星通信的信道特性，它们会使系统的信噪比降低，不同极化通道的隔离度变坏，通信信道的电磁干扰增加，信号产生时延与衰落，传输速率减小，误码率与误比特率上升，甚至造成信号传输中断，全面影响了卫星通信系统工作的有效性与可靠性。另外，宽带无线通信技术是无线通信中的新技术，它使用的发射机波形为脉冲波形。对于宽带信号而言，不同的频率分量经不同的路径时形成多径效应；Ka频段主要由于降雨、沙尘等造成信号衰落，这将影响通信的质量。为了保证通信系统的正常工作，必须深入研究恶劣环境下电波的传播特性，尤其是脉冲波在雨、沙尘、雾等介质中的传输效应，采取相应的措施来克服其所产生的不良影响。

在20世纪末美国国家宇航局制定的火星登陆计划中，为了保证探测仪器设备避免遭受静电干扰，考虑了火星地表风沙流中沙尘的电效应及影响。在实际的环境中，存在的很多粒子都是带电的，如海洋浪花中形成的水滴，雷暴中形成的冰晶和星际尘埃等，已有研究证明，带电冰晶、带电雨滴对电磁波信号的传播有影响。国外学者从20世纪初就已注意到沙尘暴起电现象，国内外学者已通过实际的实验测试，其中主要关注沙尘粒子带电量问题。而进一步开展沙尘粒子带电对电磁信号传播与散射特性的理论分析与建模研究，将为卫星通信、雷达的目标识别和遥感探测等技术的发展提供必要的理论依据和实用模型。

1.2 国内外研究现状

1.2.1 沙尘暴中电磁波传输特性的研究现状

美、英、日、意等国早在20世纪70年代就开始结合本国气候特点，对Ka频段大气环境效应做了大量的实验和理论研究。测试方法有辐射计法、雷达法、卫星信标法等。自20世纪70年代以来欧盟科技合作署主持了一系列大规模合作研究，例如COST25/4至COST235等。美国发射的气象卫星及陆地、海洋卫星中如云雨一号、海洋一号、SSM/I、NUAA等上面均载有多通道的微波和毫米波辐射计，并进行了大规模传播实验，累积了大量实验数据。在理论研究方面，主要是建立Ka频段电磁波通过雨、沙尘、雪、雾等时的衰减、去极化等效应的预报模型，有的已形成ITU文件。但现有模型不能满足系统设计要求，不能很好地用于不同地区的预报工作。由于沙尘暴发生的随机性较大以及受环境的影响，实地测量困难重重，因此进一步开展有关沙尘暴媒质中电磁传播与散射的理论与实验研究，对于卫星通信、雷达目标识别和遥感探测等具有重要的意义。

对于沙尘暴，最初人们并没有普遍关注它对无线电波传播的影响，认为沙尘粒子尺寸太小，对正在工作的微波系统不会产生明显的影响。另外，由于沙尘暴发生的随机性较大，实地测量很困难，因此沙尘的特性数据(即大小、尺寸、形状和折射指数)通常没有降雨和降雪的特性数据丰富。最近几年，许多学者已注意到沙尘暴对无线电波的影响。

据有关文献报道，国外学者曾开展了有关沙尘暴对微波、毫米波传播影响的理论研究和实际测量工作。这方面最早的工作是1941年J. W. Ryde开展的沙尘暴对微波散射方面的研究。J. W. Ryde仅考虑了尘暴对雷达的反射率，发现频率 $f\leqslant 30$ GHz且浓度比较低的沙尘暴对雷达信号不产生影响。苏丹曾记录了十多年来沙尘暴发生的统计数据，并实地测量了微波在沙尘暴中产生的衰减。Al-Hafid在伊拉克巴格达附近的纳西里亚至达尔吉之间的45 km、11 GHz的微波电路上进行了沙尘暴直接影响的研究，观察时采用一种开口谐振器记录下6月1日至8月15日间伊拉克经常发生沙尘暴的约三个月的接收信号强度，分析和计算了电磁波通过不同沙尘粒子浓度时的衰减，发现短期(几十分钟)的沙尘暴会衰减微波接收信号10～15 dB，观察到一次10 dB的衰落持续了150 min，另一次26 dB的衰落持续了40 min；在某些严重的沙尘暴情况下，信号衰减会导致一连几个小时的完全衰落。对高于10 GHz的微波信号来说，沙粒浓度越大则信号衰减越大，当波长接近沙粒大小时，信号衰减达到最大值。美国军方曾进行了爆炸形成的尘土对35 GHz、94 GHz和

140 GHz 的雷达毫米波信号传播影响的试验。国外学者近年来所作的主要工作归纳起来有：Ahmed、Goldhirsh、Chu、Ghobial、Sharief、Albader 和 Hadad 等人分别用标准谐振腔法、短路波导法和开口谐振腔法测量了 $f=10$ GHz 频率附近的沙尘土的介电常数；Chu、Ghobial Ansari 和 Evans 等人在理论上计算了 $f=10$ GHz 时微波在沙尘暴中传播时的衰减；Bashir 和 Ghobial 分别计算了 $f=10$ GHz 时微波在沙尘暴中传播时的差分衰减和差分相移，并由此计算出极化隔离度 XPI 和串话 XT；Kumar、Bashir 和 Mcervan 做了 $f=3$ GHz 与 $f=7$ GHz 时由于沙尘土在微波反射器天线上的沉积而产生的交叉去极化和信号增益衰减的测量。Ahmed 和 Ali 等人研究了粒子尺寸具有一定分布的沙尘暴对微波传播的影响，Ahmed 等人通过地域沙尘的尺寸分布测量数据，建立微波衰减和相移模型；Julius Goldhirsh基于 Rayleigh 散射，建立沙尘暴二维衰减与后向散射模型。同时，许多学者也开展了对沙尘粒子介电特性的研究和沙尘暴衰减的预测。

电磁波在沙尘中的传播，从 20 世纪 80 年代起，国内才有学者开展这方面的研究，主要侧重于沙尘暴对陆地通信线路和地空路径上的衰减及交叉极化效应的研究，给出了相应的预报模型。

2000 年以来，兰州大学黄宁等通过实验测量表明：风沙流中的沙粒是带有电荷的，且带电沙粒与由此形成的风沙电场对沙粒的跃移运动有明显影响。2003 年，中科院寒区旱区环境与工程研究所利用大型风洞对沙尘暴起电现象进行了实验测量，揭示了沙尘暴的空间电结构和起电机理，考虑了沙尘含水量对沙尘带电的影响，计算得到负电荷最大荷质比为 304 μC·kg^{-1}。2008 年，Herrmann 教授在《Nature》的“News & Views”专栏对沙粒带电研究给予积极评价。兰州大学何琴淑、周又和等人考虑带电沙粒为各向同性局部均匀带电球形粒子，基于 Rayleigh 散射近似，给出了带电沙尘粒子的散射场。另外，董群锋等人在不同尺寸分布下，给出了微波在带电沙粒中的传输特性模型。

自麦克斯韦方程组建立一百多年来，对电磁现象的应用如通信、广播、电视、雷达等一般都局限在单频或较窄的频率范围内，相应的时谐电磁场理论和实验技术得到了十分广泛和深入的发展。然而，由于理论和实验技术方面的困难，对于脉冲电磁场的研究开始得很晚，直到 20 世纪 70 年代，在目标探测识别和核电磁脉冲防护等实际应用的促使下，脉冲电磁场的研究才开始较为迅速地发展起来，而这一时期的短脉冲技术的发展又为脉冲电磁场的发展提供了技术基础。

近几十年来，随着脉冲技术在微波与毫米波通信、雷达、遥感等领域的广泛应用，与脉冲有关的电磁场(又称时域电磁场)的研究正引起人们极大的兴趣和重视。研究脉冲电磁场的分析方法主要有三类：① 以傅里叶(Fourier)变换为基础的频域法；② 直接在时域内求解的时域法(主要有时域积分法和时域有限差分法)；③ 以拉普拉斯变换为基础的复频域法(即奇点展开法)。频域法是将脉冲波表示为各种不同频率的时谐波的叠加，利用现有分析频域问题的各种方法求得解析解或数值解后再经 Fourier 逆变换得到时域解。时域法的优点是可以适用于色散介质，可借助多种成熟的频域方法获得时谐解；而傅里叶逆变换可以借助快速傅里叶变换(FFT)有效地完成，概念简单明了。

脉冲电磁波的传播和散射一直是人们感兴趣的研究课题。近些年来，在雷达、高频数字通信及遥感等领域有广泛的应用。有关脉冲信号在连续介质(湍流、电离层等)和离散随机介质(雨、雾、云、雪等水凝物)中传播的理论研究已受到极大关注。Minter 利用波恩

(Born)近似研究了声脉冲在海洋中的传播；Liu 等人在多重散射效应下，利用抛物近似得到的双频互相干函数，分析了脉冲波在电离媒质中的传播；Ishimaru 等人通过研究脉冲波在随机介质中的传播，发现脉冲波的传播特性可以用双频互相干函数来描述，它既反映了两个位置、不同频率的波在同一时间和位置的相关性(相干带宽)，又能反映波在同一位置、不同时间的相关性(相干性时间)。Ishimaru 于 20 世纪 70 年代提出基于双频互相干函数的脉冲波传播理论，研究了脉冲波在随机介质中的传播特性，在前向散射近似下计算了由信号的非相干分量产生的脉冲畸变。

另一种研究脉冲波传播的方法是 Forrer 在 1958 年首次提出的，Forrer 用该方法来研究脉冲波在波导中的传输问题。该方法假定要用一个截断频率的多项式近似信道传输函数(当传递函数随频率的变化不太明显时，这种近似很有效)，在前向散射近似下，脉冲信号在介质中传播时，由于信号的相干分量产生不同的衰减和相移，从而导致脉冲畸变的出现。该方法被 Teria 应用于高频波段脉冲波在电离层中的传播；此后，Mederios Filho 用该方法研究了载频为 55 GHz 的脉冲波在大气中的视距传输特性；Gibbins 又用该方法解决了毫米波段脉冲波在大气中的传输特性问题。A.Maitra 和 Maria Dan 用该方法研究了光波段脉冲波通过雾媒质的传播特性，给出了脉冲畸变与频率、脉冲宽度及传播距离的关系。另外，同样基于媒质中电磁波复传播常数泰勒展开法，求取衰减和相移系数的二阶导数的方法，Yosef Pinhasi 和 Georgiadou 等人利用该方法研究了脉冲在大气、雨媒质中的传输特性。这些研究成果的出现，为宽带通信、光通信、雷达遥感等技术的飞速发展奠定了理论基础。

Kusiel S. Shifrin 等利用 Lorentz - Mie 理论研究了球形粒子(如水滴)对光脉冲波的散射特性，同时也表明：随机介质中球形粒子对平面波的散射系数和相函数与粒子对脉冲波的散射系数和相函数是不同的。从 20 世纪 90 年代起，中国电波研究所、西安电子科技大学等对电磁脉冲信号在湍流、电离层等介质中的传播特性进行了研究。其主要侧重于利用双频互相干函数研究脉冲波在介质中的时间展宽、双频互相关函数的振幅和相位等。

然而，针对沙尘媒质中脉冲波的传输特性及沙尘粒子对脉冲波散射特性的研究，目前国内外公开报道的文献比较少。

1.2.2 球形粒子对电磁波散射的研究现状

早在 19 世纪末 20 世纪初，Lorentz 和 Mie 分别利用麦克斯韦(Maxwell)方程给出了均匀介质球对平面电磁波散射的解析表达式，这就是后来被广泛应用于研究均匀球散射的 Lorentz - Mie 理论，该理论在许多专著中都有描述。随后，Debye 考虑空间微粒上的辐射压力，利用德拜势研究了球形粒子的散射。Van de Hulst 给出了由吸收物质和非吸收物质构成的球状、柱状和盘状粒子散射特性的计算。尽管已有许多学者开始关注粒子的电磁散射这一问题，但由于当时计算方法的限制，因此粒子对电磁波的散射研究进展缓慢。直到上世纪五六十年代，随着计算机的出现，各种数值算法随之而出，解析方法也有了相应的数值结果。例如，1949 年 Brillouin 讨论了电磁波对球粒子的散射截面，解释了 Stratton 理论中对于大尺寸球粒子的散射截面为粒子实际截面 2 倍的原因。1950 至 1960 年间，Aden 和 Scharfman 等人分别讨论了同心球壳对平面波的散射特性，理论、实验和数值结果都有了一定的结论，并分析了球壳参数和介电常数对散射截面的影响。Albini、Stein 分别采用

Born 近似和 Rayleigh－Gan 近似数值研究了非均匀球的光散射，分析了雷达散射截面(RCS)的变化。1960 至 1990 年间，很多专家学者采用各种数值和解析方法，如物理光学近似(PO)、几何光学近似(GO)、射线理论等对该问题做了进一步的研究，给出了一些有意义的结论。吴振森等人采用 Born 近似研究了双层介质球的散射，并提出了计算多层同心球平面波电磁散射的收敛与迭代改进算法，提高了数值计算效率。孙文波等人采用时域有限差分法(FDTD)和解析法研究了吸收环境中涂层球的光散射。与解析 Mie 理论比较，Debye 级数可以将散射系数的每一项表达为另一个无限级数，这对分析粒子的彩虹现象具有重要的作用。Edward 等人采用 Debye 级数，分析了介质球的 Mie 散射中复杂射线远场的贡献。

1.2.3　带电球形粒子散射的研究现状

在前面的分析中可知，所讨论的沙尘、水滴等均是不带电的粒子，但自然界中实际存在的粒子却有很多是带电的，如海洋浪花中形成的水滴、雷暴中形成的冰晶、尘埃等都能带电。因此研究带电粒子的散射具有实际意义，如可以修正作用于非常小的纳米尺寸的带电宇宙尘埃粒子(在太阳系中会出现)上的电磁力，分析地球大气中带电水滴和冰晶的微波(毫米波)吸收和散射系数。Bohren 最先采用分离变量法分析了单个带电球形粒子的散射。何琴淑研究了带电沙尘粒子 Rayleigh 散射和 Mie 散射的解；同时通过求解给定边界条件下的 Maxwell 方程，研究带电长椭球粒子对正入射于介质上的电磁波散射，讨论了散射强度与粒子参数和面电导率之间的关系。李海英等人研究了单个带电球形粒子(Carbon 粒子和冰晶粒子)和尘埃对电磁波的散射传输特性。2007 年，J. Klacka 和 M. Kocifaj 研究各向同性带电球形粒子的散射特性，给出散射系数的解析式；2010 年，A. Heifetz 等人应用 Rayleigh 散射研究了各向同性带电雨滴对毫米波的散射特性。然而，这些研究仅考虑了各向同性带电球形粒子的散射，其主要结论是关于对入射波沿球形粒子的一个轴传播时的散射特性，并未考虑对入射波沿任意方向入射到球上的散射问题。

可见粒子带电会对其电磁波散射产生重要影响，而目前存在的结论主要是关于各向同性带电粒子的散射研究。

1.2.4　各向异性球对电磁波散射特性的研究现状

随着各向异性材料在集成光学、微波工程、毫米波技术、复合材料、遥感和装甲技术等领域中越来越多的应用，电磁波与各向异性材料之间的相互作用也逐渐引起了专家学者的关注。目前主要考虑的各向异性材料是铁氧体、单轴各向异性材料、钛氧化物和等离子体等。

近十年来，各向异性介质目标的电磁散射特性以及与电磁波的相互作用这些难题受到国内外专家学者的高度关注。Norris、Achenbach 等学者直接基于 Radon 变换，研究了无界均匀各向异性弹性媒质的时谐并矢格林函数在球坐标系下的表达式；Wei Ren 等人给出了各向异性媒质中波函数的展开式。就研究方法来讲，对于各向异性目标散射特性的研究方法可以分为解析方法与数值方法，而且各种数值方法均以解析方法为理论基础。

研究各向异性目标的散射特性中常用的数值方法有 FDTD 法、离散偶极子(DDA)法、矩量法、快速多极子技术、积分/微分方程法等。1987年，Richmond分别采用波函数理论、PO、GO方法研究了有耗均匀铁氧体涂层球的散射，并讨论了后向散射截面随尺寸参数的变化，但该文将铁氧体材料视为各向同性材料具有一定的局限。意大利的Graglia从频域的角度，采用体积分/微分方程法研究了任意有形、三维、有耗、均匀的各向异性散射体的散射，采用矩量法和点匹配得到了耦合积分方程的数值结果。1989年，Varadan等人采用耦合偶极子近似方法计算了三维均匀、无耗、各向异性结构，并给出了单轴球的数值结果。1998年，Malyuskin等人采用积分/微分方程法研究了处于各向异性媒质环境中的各向异性椭球的平面波电磁散射，该文与其他文献的不同之处在于考虑了环境和目标均为各向异性。目前，采用FDTD方法研究各向异性目标(包括球和柱等)的散射是该领域比较常用的数值方法，国内外很多学者对此进行了讨论，其中张明和洪伟采用多极子技术(GMT)研究了单轴双各向异性媒质柱面的电磁散射。

由于各向异性材料介电常数和磁导率的特殊性，使得它与电磁波的相互作用变得比较复杂。从解析的角度研究各向异性材料目标散射的结论主要有：1992年，台湾学者Wong采用标势研究了介质和吸收的单轴异性球对平面波的电磁散射。吴信宝和任伟等人分别采用波函数和本征函数方法，讨论了圆柱对平面波的散射。耿友林等人采用傅里叶变换和矢量球函数，给出了单轴各向异性球以及铁氧体球对平面波散射的解析解。四川大学张大跃等人从数值的角度采用两点边值问题方法，研究了平面电磁波入射等离子球和圆柱的散射特性。耿友林等人采用电磁场傅里叶变换，从解析的角度研究了等离子体异性球、球壳、多层等离子体球对平面波的电磁散射。对于各向异性球形粒子的散射特性，黄际英、李应乐提出了电磁场的多尺度变换理论，将各向异性目标重建为各向同性目标，从而利用各向同性目标电磁散射的有关理论与算法研究各向异性目标的散射问题。李应乐等人给出了各向异性介质球的散射场，对电磁各向异性球的散射特性进行了研究。然而，对于各向异性带电球形粒子的散射特性研究，还未见国内外文献报道，因此，开展各向异性带电球粒子的散射研究，是对各向异性介质球形目标散射特性的进一步深入探索。

1.3 本书主要内容

本书介绍了沙尘、带电沙尘媒质中电磁波的传输特性及其各向同性、异性带电球形粒子的散射特性，主要内容如下：

(1) 针对沙尘媒质对微波通信线路的影响问题，依据介质球散射理论，得出地空路径上毫米波通过沙尘媒质的衰减和相移与粒子尺寸分布的函数关系，用数值计算了沙尘尺寸分布对沙尘衰减和相移的影响，其结果表明，指数分布和对数正态分布对电磁波的影响最大，瑞利分布和正态分布的预测结果较为接近且影响最小。应用空气中单位沙尘粒子的相对总体积与能见度关系，简化了沙尘粒子随机分布的复杂性对微波传播的影响，首次提出了沙尘媒质中的微波传播特性的理论模型，克服了粒子尺寸分布的多样性对微波传播的影响。进一步将傅里叶时域积分近似解的方法应用于研究毫米脉冲波在沙尘媒质中的传输效应，数值仿真结果表明，脉冲畸变随脉冲宽度和传播距离的增大而增大。推导出了沙尘媒质雷达信号衰减公式和反射率因子解析式，建立了适用于各种尺寸分布的回波功率和等效目标散射截面模型。研究了沙尘红外传输衰减特性。该部分的研究工作，对于提高恶劣气象环境下的电波传播特性、遥感技术奠定了理论基础。

(2) 基于带电沙粒 Rayleigh 散射，结合粒子的指数分布、对数正态分布模型，提出了带电沙尘的微波衰减模型，在不考虑沙尘粒子带电时，该模型与有关文献完全吻合。由于沙尘尺寸分布的多样性，使得在给定粒子尺寸分布下的衰减模型呈现局限性，因此提出沙尘不同尺寸分布下，电磁波在带电沙尘中传输特性的统一(计算)模型，该计算模型简便，适用于工程应用；利用地空路径的经验模型，给出了计算地空路径上电磁波衰减和相移的等效模型。应用带电球形粒子的 Mie 理论，研究了带电沙尘媒质中的微波衰减特性。仿真结果表明，对于同一频率和能见度，带电沙尘的微波衰减要比不带电沙尘的微波衰减大，并且衰减随能见度的增大而减小。

(3) 依据带电水滴的等效介电常数，基于毫米波段不带电水滴 Rayleigh 散射理论研究了带电水滴的散射特性，分析了带电水滴归一化的散射截面和吸收截面、散射截面和吸收截面随粒子尺寸参数、频率的变化关系。重点依据 Lorentz - Mie 理论研究了球形沙尘粒子对脉冲波的散射特性，用数值计算并分析了粒径、脉冲宽度对脉冲波的消光系数、散射吸收和散射相函数的影响。其结果表明，脉冲散射因子和平面波散射因子不同；脉冲散射、消光因子随沙尘粒径的增加先达到一个峰值后振荡；脉冲的相函数 S_{11} 总是比载波的小，而且随着散射角的增大，不同脉冲的 S_{11} 变化明显。

(4) 对电磁波沿任意方向入射到各向同性的介质球、带电球形粒子 Rayleigh 散射特性进行了研究。推导出各向同性球形粒子、局部均匀带电球形粒子和局部非均匀带电球形粒子的内/外电势、电场的解析式；利用随机介质中的波传播理论，给出其散射振幅、微分散射截面的表达式，用数值计算并分析了入射方位角和观察角对散射截面的影响。据本书作者调研，在研究球形目标体系的电磁散射特性中，平面电磁波常被认为是沿轴方向极化、轴方向传播的，将该部分的研究推广到解决沿任意方向入射、任意方向极化的平面电磁波入射到球上的散射问题，对于雷达目标识别、目标隐身技术等有重要的参考价值。

(5) 对电磁波沿任意方向入射到各向异性带电球形粒子的散射特性进行研究，推导出了各向异性局部均匀带电球形粒子和局部非均匀带电球形粒子的内/外电势、电场的解析式。利用随机介质中的波传播理论，推导出其散射振幅、微分散射截面的表达式，用数值计算并分析了介电张量和观察角对微分散射截面的影响。据本书作者了解，目前对于各向异性带电球形粒子散射特性的研究并不多，该部分的研究工作为各向异性目标检测、各向异性目标光散射及等离子体隐身技术等奠定了理论基础。

第2章 沙尘暴的物理特性

2.1 沙尘暴的含义

在气象学中，由大风刮起的能见度在1000 m以下弥散在空中浓密的沙尘，叫做沙尘暴。沙尘暴可以分为沙暴和尘暴两类。沙暴是指强风将地面沙尘吹起使空气浑浊，水平能见度小于1000 m的天气现象；尘暴是由粒子半径小于60 μm的黏土和沙粉组成的，它无明显的上界，高度可达几千米甚至数十千米。

沙尘暴的强度可以分为沙尘暴(能见度小于1 km)、强沙尘暴(风速大于等于20 m/s，能见度小于等于200 m)和特强沙尘暴(风速大于等于25 m/s，能见度小于50 m)。

沙尘暴是一种风与沙相互作用的灾害性天气现象，它的形成与地球温室效应、厄尔尼诺现象、森林锐减、植被破坏、物种灭绝、气候异常等因素有着密不可分的关系，且受到多种因素的制约，如大气(风力、湍流、大气密度、黏度、水分)、地面(粗糙度、障碍物、温度)、土壤(土壤结构、水分含量)等。当大风经过沙(尘)质地表产生扬沙(尘)，并有部分沙(尘)渗入气流中时，粒径小于0.2 mm的沙尘随着气流升空→运移→沉降，形成了沙尘暴。在沙尘暴发生时，沙粒运动的主要形式是跃移，其运动速度比气流的小3～5倍，而其加速度比重力加速度大几个量级。尘土粒子的主要运动形式是悬移，它随气流的跟随性比沙粒强得多。初步测量，细沙或尘土粒子的速度谱为偏正态分布，因此沙尘暴是一种非均匀的三相流运动。

2.2 中国沙尘暴天气的空间分布和时间分布

2.2.1 沙尘暴天气的空间分布

沙尘暴易发区大多属中纬度干旱和半干旱地区，这些地区受荒漠化的影响和危害比较严重，地表多为沙地和旱地，植被稀少，大风过境，容易形成沙尘暴天气。

中国是世界上沙漠及沙漠化土地最多的国家之一，沙漠及沙漠化土地的面积约占国土面积的16%，达到约153.3万平方千米。它主要分布在北纬35度至50度、东经75度至125度之间的大陆盆地和高原，形成了一条西起塔里木盆地西端，东迄松嫩平原西部，横贯西北、华北、东北地区，长约4500千米、南北宽约600千米的断续弧形沙漠地带。

沙尘暴天气的沙源区主要分布在我国西北地区的巴丹吉林沙漠、腾格里沙漠、塔克拉玛干沙漠、乌兰布和沙漠、黄河河套的毛乌素沙地等。尤其是塔克拉玛干沙漠、古尔班通古特沙漠、巴丹吉林沙漠、腾格里沙漠是我国沙尘暴的主要沙尘源区。图2-1所示为中国八大沙漠分布图。

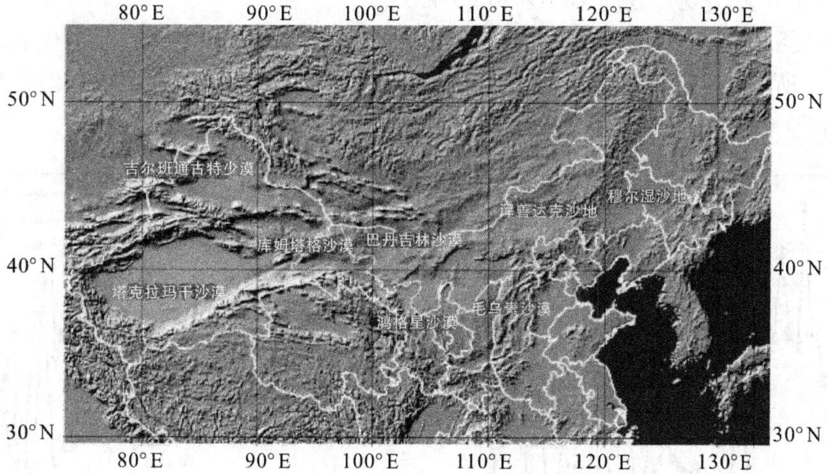

图 2-1　中国八大沙漠分布图

中国沙尘暴天气的空间分布情况：我国西北地区、华北大部地区、青藏高原和东北平原地区沙尘暴年平均日数普遍大于 1 天，是沙尘暴的主要影响区，其中东经 110 度以西、天山以南大部分地区沙尘暴年平均日数大于 10 天，是沙尘暴的多发区；塔里木盆地及其周围地区、阿拉善和河西走廊东北部地区是沙尘暴的高频区，沙尘暴年平均日数达 20 天以上，局部地区接近或超过 30 天，如新疆维吾尔自治区民丰县 36 天、柯坪县 31 天，甘肃省民勤县 30 天等。图 2-2 所示为全国沙尘暴年总日数的分布(1956 — 2000 年)。

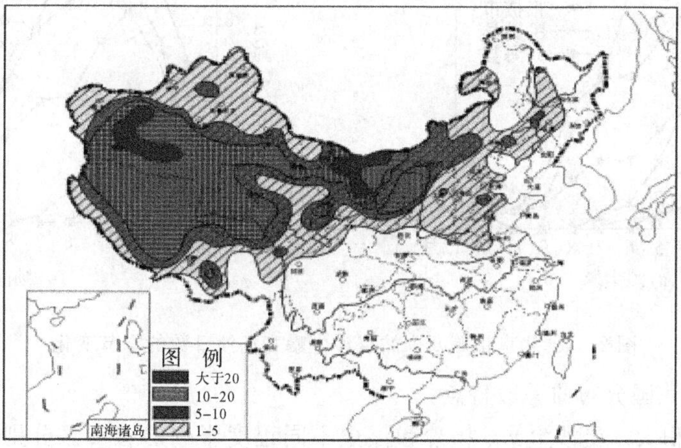

图 2-2　全国沙尘暴年总日数的分布(1956 — 2000 年)

2.2.2　沙尘暴天气的时间分布

沙尘天气的季节变化大致可划分为三种类型：

(1) 春季最多型。以北京市、内蒙古自治区朱日和等华北地区台站为代表，例如北京市 3～5 月沙尘暴与扬沙日数分别占全年总出现日数的 52.6％和 67.2％。

(2) 冬末春初最多型。以兴海县等青藏高原台站为代表，兴海县 2～4 月沙尘暴与扬沙日数分别占全年总出现日数的 70.0％和 69.4％。

(3) 春夏频繁型。以和田地区、民勤县和张掖市等沙尘暴多发区台站为代表。

图 2－3 所示是 1954 至 2000 年北京市等 6 个站点沙尘暴日数的年变化图；图 2－4 所示是北京市等 6 个代表站沙尘暴和扬沙日数的季节变化。

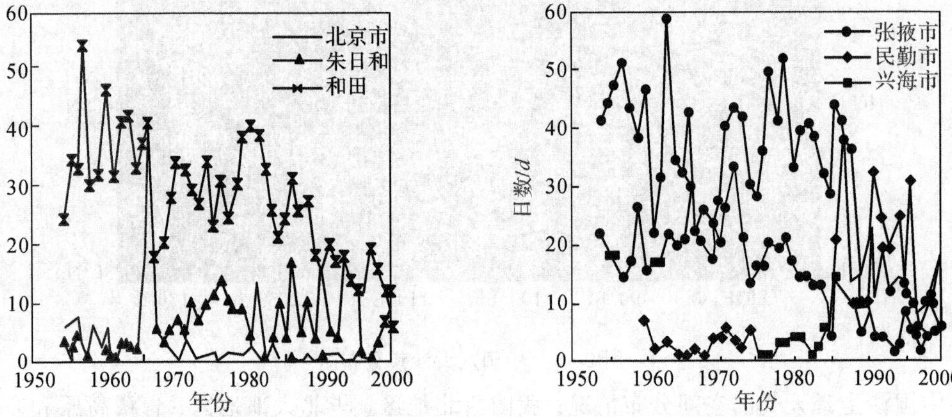

(a) 沙尘暴　　(b) 沙尘暴

图 2－3　北京市等 6 个站点 1954 至 2000 年沙尘暴日数的年际变化

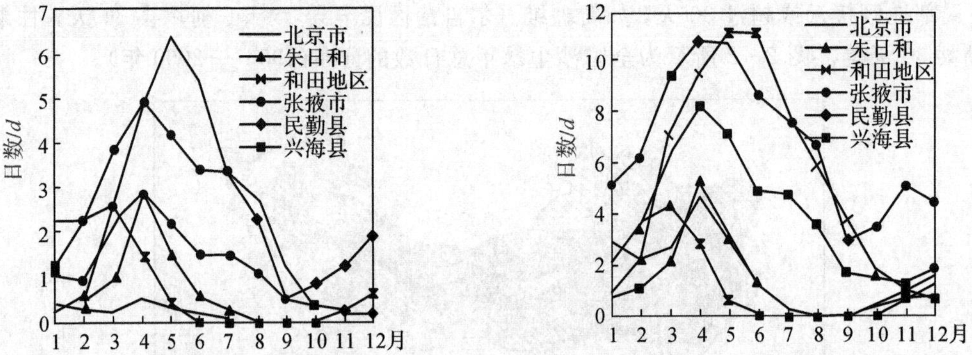

(a) 沙尘暴　　(b) 扬沙

图 2－4　北京市等 6 个站点沙尘暴和扬沙日数的季节变化

沙尘天气在我国分布的一般特点：

(1) 影响面积大。受沙尘暴、扬沙和浮尘不同程度影响的省市区分别为 17 个、25 个和 27 个。

(2) 高频区集中。沙尘天气频发地区有塔里木盆地周围地区，阿拉善高原、河西走廊东北部及邻近地区。

(3) 与沙漠和沙地密切关联。沙漠和沙地为沙尘暴和扬沙天气的出现提供了极为丰富的物质源。

(4) 天气系统、地形走向、地表覆被状况、雨量分布等都对沙尘天气的地理分布产生显著影响。

2.3　沙尘暴的尺寸分布模型

2.3.1　沙尘暴的浓度

沙尘暴的浓度可以用空间单位体积中沙尘粒子的个数 N 来表示。但是，在沙尘暴期间，N 是很难测准的物理量。国外学者在研究沙尘暴中微波的传播特性时，通常借助于光学能见度来描述沙尘暴的浓度。能见度距离是能把离散目标与背景区别开来的距离。

光学能见度 V_b 与可见光的衰减系数成反比：

$$V_b = \frac{1}{\alpha_0}\ln\left|\frac{1}{K}\right| \tag{2-1}$$

式中，K 称为门限对比度，定义为置于可见度距离上的目标与参考背景(天空)亮度差的归一化值。实验确定，K 的中值为 0.031，则

$$V_b = \frac{15}{\alpha_0} \tag{2-2}$$

式(2-1)、式(2-2)中的 α_0 为介质的光学衰减系数，即

$$\alpha_0 = 8.868 \times 10^3 N\pi \int_0^\infty a^2 p(a)\mathrm{d}a \tag{2-3}$$

那么，可以得到单位体积中沙尘粒子的个数 N 为

$$N = \frac{15}{8.868 \times 10^3 \pi V_b \int_0^\infty a^2 p(a)\mathrm{d}a} \tag{2-4}$$

2.3.2　沙尘暴中沙尘的粒子尺寸分布

电磁波在沙尘暴中传播时，重要的影响参量是粒子的尺寸分布(粒径分布)。沙尘粒子的粒径分布表示某一时刻具有不同粒径的粒子在空间的分布状态。令单位体积中粒子的总数为

$$\rho = \int_{D_{\min}}^{D_{\max}} n(D)\mathrm{d}D \tag{2-5}$$

粒径在 $D \sim D+\mathrm{d}D$ 之间的粒子出现的概率密度为

$$P(D) = \frac{n(D)}{\rho} \tag{2-6}$$

且有

$$\int_{D_{\min}}^{D_{\max}} P(D)\mathrm{d}D = 1 \tag{2-7}$$

如果沙尘粒子的形状近似认为是球形，那么沙尘粒子的粒径分布就可以等效为粒子的半径或直径分布。

关于沙尘暴中粒子的粒径分布问题，国外学者也做了一些测量工作。Chu 曾假定沙尘粒子的粒径分布是均匀的，但这是不现实的，原因是在一次沙尘暴中可能存在各种粒径的粒子。后来，S.I.Ghobrial、Ali 和 Hussian 等人测量一个沙尘暴样品，发现粒子分布近似

为指数分布；而 Row 等人通过测量几个样品，得到粒子的粒径分布为正态(Normal)分布；Tompson 提出对于悬浮在空中的具有较大粒径的沙尘粒子，粒径分布近似为对数正态分布，而对小粒子的粒径分布近似为 Power - Law 分布。1987 年，Ahmed、Ali 和 Mohammed 实地测量了五次尘暴中粒子的粒径分布，共测量了 16 个样品，发现其中 14 个样品的粒径分布为正态分布和对数正态分布，只有 2 个样品的是幂函数分布(幂律分布)。

实际上，离散在空气中的沙尘粒子的粒径分布受到多种因素的制约，首先是地面环境的影响。处于不同地域的沙尘粒子，不仅成分有差别，更重要的是粒子大小明显不同。我国西北地区风沙地带，沙尘粒子的粒径比较大，其主体粒径在 0.01～0.25 mm 之间；而在中东地区的沙漠地带，粒子半径比较小。野外观察表明，沙尘暴中粒子的粒径分布还可能受到风速的影响，风速不同，吹动起来的沙尘粒子的粒径大小也不同。除了上述两点，粒径分布还与取样的高度有关，在一次沙尘暴中取样的高度不同，得到的结果也不同。此外，在沙尘暴发生的不同阶段粒径分布也有所不同，沙尘暴初起，悬浮在空气中的大粒子较多，随着时间的推移，较大的沙尘粒子沉降下来，小粒子占主导地位，因而在一次沙尘暴中可能存在多种分布。几种常见的沙尘粒子粒径分布有对数正态分布、指数分布、正态分布、均匀分布、瑞利分布等。

1. 对数正态分布(Log - Normal Distribution)

1988 年国内学者在沙风洞中对沙尘暴所做的模拟实验，以及另外一些学者在中国腾格里沙漠所做的毫米波传播实验都表明，能够很好地描述沙尘粒子尺寸分布的数学模型是对数正态分布函数，即

$$P(D)=\frac{1}{\sqrt{2\pi}\sigma D}\exp\left(-\frac{(\ln D-m)^2}{2\sigma^2}\right) \tag{2-8}$$

式中，m 和 σ 分别为 $\ln D$ 的均值和方差。对于中国腾格里沙漠和黄河沙滩，沙尘样品的体密度 N、$\ln D$ 的均值 m 和标准偏差 σ 参见表 2-1。

表 2-1　沙粒粒径分布的统计参数

地区	沙尘类型	m	σ	N/cm^{-3}
腾格里沙漠	爆炸沙尘	−8.489	0.663	6.272×10^6
黄河沙滩	自然风沙	−9.718	0.405	1.630×10^5
黄河沙滩	车扬沙尘	−9.448	0.481	1.880×10^6

2. 指数分布(Exponential Distribution)

指数分布函数的表达式为

$$P(a)=\exp\frac{(-a/\bar{a})}{\bar{a}} \tag{2-9}$$

式中，$\bar{a}$ 为粒子半径的平均值。

3. 均匀分布(Uniform Distribution)

均匀分布函数的表达式为

$$P(a)=\frac{1}{2a} \tag{2-10}$$

式中，a 为粒子半径的平均值。

4. 瑞利分布(Rayleigh Distribution)

瑞利分布函数的表达式为

$$p(r)=\frac{r}{m^2}\exp\left(-\frac{r^2}{2m^2}\right) \tag{2-11}$$

式中，a 为粒子半径的平均值，$a=m\sqrt{\frac{\pi}{2}}$。

2.3.3　沙尘暴中粒子的形态

沙尘粒子的形状具有复杂的多样性，它取决于地区环境与沙尘的成因。通常沙尘粒子的形状可以分为球形、椭球形或次球形、次棱形和棱角形等。由于对部分沙尘粒子的实测表明，沙尘粒子中有 50%左右的为球形粒子，因此一般情况下为讨论方便，把沙尘粒子看成球形粒子。

2.4　沙尘粒子的介电特性

由于电波经过沙尘暴时，会引起吸收和散射效应，从而使电波产生衰减、相移和去极化等问题，而要研究这些问题必须首先考虑沙尘暴中沙尘粒子的介电特性。

2.4.1　沙尘粒子的介电常数

最初，人们为了得到沙尘介质的介电常数，通常都是采用测量的方法。

1980 年，Ghobrial 利用标准谐振腔法间接测量了 $f=10$ GHz 时，具有一定湿度的沙尘介质的介电常数。他采用的是矩形谐振腔，一端放沙尘样品，用功率反射法测量有/无沙尘时的 Q 值来推算沙尘粒子的介电常数。利用这种方法测得的是由沙尘粒子和空隙组成的混合物的介电常数。这是因为即使沙尘粒子经过压缩，沙尘粒子间的空隙(空气)也不可能完全除去。为得出材料本身呈均匀固体形态时的介电常数，采用 Mandel 修正公式：

$$\varepsilon_m=1+V\frac{(\varepsilon_m^*-1)((1-A)+V(\varepsilon_m^*-1))}{(1-A)(1+(A+V)(\varepsilon_m^*-1))} \tag{2-12}$$

式中，ε_m 是混合物的介电常数，ε_m' 和 ε_m'' 分别为 ε_m 的实部和虚部；ε_m^* 是沙尘粒子的介电常数，$\varepsilon_m^{*'}$ 和 $\varepsilon_m^{*''}$ 为 ε_m^* 的实部和虚部；V 是沙尘粒子的体积与总体积的比值；A 是与沙尘粒子几何形状相关的参数，对球体而言 $A=1/3$。最终介电常数的测量结果如表 2-2 所示。

表 2-2　介电常数的测量结果

试样	ε_m'	ε_m''	$\varepsilon_m^{*'}$	$\varepsilon_m^{*''}$
1	2.86	0.191	4.66	0.325
2	2.66	0.069	4.34	0.185
3	2.73	0.072	4.66	0.199
4	2.82	0.090	4.62	0.235
5	2.65	0.099	4.67	0.290
6	2.60	0.096	4.40	0.272

经计算表 2-2 的平均值，得到 $\bar{\varepsilon}=4.56-\mathrm{j}0.251$；$\tan\delta=0.055$。

除了 Ghobrial 外，Ahmed、Chu、Goldhish、Sharief、Hadad 和 Bader 等人分别采用短路波导法、开口谐振腔法以及与 Ghobrial 类似的标准谐振腔法，测量了不同样本在 10 GHz的介电常数，此外，还得到了 3 GHz、14 GHz、19.35 GHz、24 GHz、37 GHz 时部分样本的介电常数。这些测量方法最后都要利用 Mandel 修正公式来计算沙尘粒子的介电常数。

1983 年，Sharief 和 Ghobrial 详细地研究了水分和化学成分对沙尘介电常数的影响。他们从 Khartoum 的几次沙尘暴中取得不同湿度的试样，经过压缩后用传输线和谐振腔技术测得了沙尘介质的介电常数，用 Looyenga 混合公式把该值外推到固体物质。在几个样品中，发现 ε_m^* 和含水量的关系曲线的形状变化很大，即随着水分的增加，ε_m^* 的实部和虚部都有明显的增加。同时他们还从另外一个角度出发，给出干燥沙尘介质的介电常数，首先将试样干燥，然后测出组成沙尘介质的各个成分所占的体积比。在被测的试样中，大约有 61%的二氧化硅、12.5%的铝和 8.5%的氧化铁，还有约 4.2%的碳化钙和少量的氧化镁、氧化钠和氧化钾，在确定了铝、硅、氧化铁和其他成分的介电常数后，利用 Looyenga 混合公式得到沙尘介质的介电常数。结果表明，Looyenga 混合公式能准确地预测沙尘介质的介电常数；另外，在真实样品中，所观察到的典型成分，其中硅是 ε_s(沙尘粒子相对介电常数)实部的支配因素，铝在其虚部中也起支配作用。

上述介绍了几种测量沙尘介质介电常数的方法，用这些方法测得的介电常数比较准确，但也有不足之处。因为沙尘介质介电常数与频率、湿度及温度有关系，所以通过一次测量得到的是某一频率、某一湿度以及某一温度下的介电常数，一旦这些量发生变化，就得重新测量一次，这在预测沙尘暴对微波、毫米波传播的各种影响时是很不方便的。

但是，通过分析上述测量数据，可以得到一些重要结论：

(1) 干燥沙尘介质介电常数的实部和虚部大体上与频率无关。

(2) 含水量控制着沙尘介质介电常数的虚部，虚部增加的数量同频率有着复杂的关系，不过只是在 1～24 GHz 间呈增加的趋势，24 GHz 以后开始下降。

(3) 含水量也能使沙尘介质介电常数的实部增加，增加的趋势持续到 8 GHz，并且在 8 GHz以下实部的增加量近似为一常数(相对于干燥介质)，随后开始减少。

1985 年，Hallikainen 和 Ulaby 详细地研究了具有一定湿度的沙尘介质的介电常数。他们把这种沙尘介质看做由四部分组成：土壤、约束水、自由水、空气。其中约束水是指沙尘粒子周围分子极少的介质层所包含的水分子，这些水分子被高强度的压力吸附在沙尘粒子上。对于约束水和自由水，入射电磁波对两者的作用是不同的。约束水和自由水的复介电常数都是电磁波频率 f、温度 T 和含盐量 S 的函数。因此概括起来说，沙尘的介电常数主要可以看做以下因素的函数：① 频率 f，温度 T；② 整个水所占的体积比；③ 约束水和自由水各自所占的相对体积比(与每单位体积的土壤面积有关)；④ 土壤的密度；⑤ 土壤粒子的形状；⑥ 水分子的形状；⑦ 土壤粒子间的空隙所占的相对体积比。

把沙尘看做包含随机分布和随机取向杂质的媒质，Deloor 给出计算一般模型的介电常数的公式：

$$\varepsilon_m=\varepsilon_s+\sum_{i=1}^{3}\frac{V_i}{3}(\varepsilon_i-\varepsilon_s)\sum_{j=1}^{3}\frac{1}{\left(1+A_j\left(\frac{\varepsilon_i}{\varepsilon^*}-1\right)\right)} \tag{2-13}$$

其中，ε_s 和 ε_i 分别是沙尘粒子的相对介电常数和各成分的(空气、约束水、自由水)相对介电常数；ε^* 是分界面处相对等效介质介电常数；A_j 表示椭球极化因子；V_i 表示各成分相对总体积的体积比。

根据沙尘的自然模型，层状的黏土矿物成分决定着沙尘中水的分布和特性，把这种杂质假设为圆盘形的，有 $A_j=(0, 0, 1)$。另外，ε^* 介于 ε_s 与 ε_m 之间，即 $\varepsilon_s \leqslant \varepsilon^* \leqslant \varepsilon_m$。假设 $\varepsilon^*=\varepsilon_m$，式(2-13)可整理为

$$\varepsilon_m=\frac{3\varepsilon_s+2V_{fw}(\varepsilon_{fw}-\varepsilon_s)+2V_{bw}(\varepsilon_{bw}-\varepsilon_s)+2V_a(\varepsilon_a-\varepsilon_s)}{3+V_{fw}\left(\dfrac{\varepsilon_s}{\varepsilon_{fw}}-1\right)+V_{bw}\left(\dfrac{\varepsilon_s}{\varepsilon_{bw}}-1\right)+V_a\left(\dfrac{\varepsilon_s}{\varepsilon_a}-1\right)} \tag{2-14}$$

其中，bw、fw、a、s 分别表示约束水、自由水、空气、干燥沙尘介质；ε_m 为具有一定湿度的沙尘介质介电常数。

对于式(2-14)中的各个变量，除了 ε_{fw} 可由公式计算，ε_a 可以假设为1外，其余量都必须要先经过测量，再计算得到。

$$\varepsilon_{fw}=\varepsilon'_{fw}-j\varepsilon''_{fw} \tag{2-15a}$$

$$\varepsilon'_{fw}=\varepsilon_{w\infty}+\frac{\varepsilon_{w0}-\varepsilon_{w\infty}}{1+(2\pi f\tau_w)^2} \tag{2-15b}$$

$$\varepsilon''_{fw}=\frac{2\pi f\tau_w(\varepsilon_{w0}-\varepsilon_{w\infty})}{1+(2\pi f\tau_w)^2}+\frac{\sigma_{mv}}{2\pi\varepsilon_0 f} \tag{2-15c}$$

式中，ε'_{fw} 是水的相对介电常数的实数部分；ε''_{fw} 是水的相对介电常数的虚数部分；$\varepsilon_{w\infty}$ 是 ε_w 在频率最高时的介电常数；ε_{w0} 是水的固定介电常数；f 是频率(Hz)；τ_w 是水的弛豫时间；σ_{mv} 是水的等效电导率($s \cdot m^{-1}$)；ε_0 是自由空间的介电常数。

其他量的测量，由于涉及的离子变换力、沙粒的表面积以及表面电荷密度等量比较难以测量，因此，尽管采用上述方法得到的介电常数比较准确，而且几乎接近于它的直接测量值，但是实际应用中一般不采用该方法。

本书采取表2-3所示不同频率、不同含水量的土壤介电常数中的某些数据作为参考，进行有关计算。

表2-3　微波段不同类型土壤介电常数

频率/GHz	土壤类型	湿度含量(水/土壤)/%	介电常数 $\varepsilon=\varepsilon'-j\varepsilon''$
3	沙壤	0	2.55−j0.015 81
		3.88	4.40−j0.2024
		16.8	20.0−j2.6
	壤土	0	2.44−j0.002 684
		2.2	3.5−j0.14
		13.77	20.0−j2.4
	黏土	0	2.27−j0.03 405
		20.09	11.3−j0.825

续表

频率/GHz	土壤类型	湿度含量(水/土壤)/%	介电常数$\varepsilon=\varepsilon'-j\varepsilon''$
10	沙壤	0	2.53－j0.01
		3.88	3.6－j0.432
		16.8	13.0－j3.77
	壤土	0	2.44－j0.0034
		13.77	13.8－j2.484
14	沙	0.3	2.8－j0.035
		5.0	3.9－j0.62
		10.0	5.5－j1.3
		20.0	9.2－j4.0
		30.0	11.8－j7.0
19.35	粉质黏土	3.0	3.4－j0.2
	沃土	12.0	4.7－j1.1
		22.0	13.6－j6.8
		30.0	16.25－j9.25
24	沙	0.3	2.5－j0.028
		5.0	3.6－j0.65
		10.0	5.1－j1.4
		20.0	7.8－j5.3
		30.0	9.8－j9.0
37	细沙	5.0	2.45－j0.375
		10.0	4.0－j1.325
		15.0	6.72－j3.1875
		20.0	7.375－j4.156 25
	沙黏土	0	2.515－j0.073 53
		5.0	2.88－j0.3529
		10.0	3.29－j0.728
		15.0	7.088－j3.5
		20.0	8.588－j4.765
	壤土	0	2.53－j0.0625

2.4.2　沙尘粒子的等效介电常数

自然界中的媒质一般是具有不同介电特性的物质的混合物。在遥感测试设备中，需要把微小复杂的混合物看做可见、均匀的，并能用一等效介电常数来表征。自然界中的许多不纯介质都是基于这一点来研究的。比如雪、冰、沙尘、植被、岩石等。

沙尘粒子的等效介电常数与沙尘粒子的形状有密切关系，而沙尘粒子的形状是随机的，不能把它定义为一种固定的形状。Bashir 等人研究表明，沙尘粒子是椭球形的，这就涉及它的取向问题，为了讨论方便，认为沙尘暴是一种均匀介质。

沙尘暴在发生初期或者是有风的情况下，其中包含的沙尘粒子具有任意取向，这时它的等效介电常数可以看做一标量。当悬浮体是具有任意取向的椭球粒子，并且粒子所占的体积比较小(沙尘粒子符合)时，混合物的等效介电常数可由 Polder - Van Santen 公式来计算：

$$\varepsilon_{\mathrm{eff}}^{i}=\varepsilon_{0}+\frac{V}{3}(\varepsilon_{\mathrm{m}}^{*}-\varepsilon_{0})\sum_{i=1}^{3}\frac{\varepsilon_{\mathrm{eff}}}{\varepsilon_{\mathrm{eff}}+A_{i}(\varepsilon_{\mathrm{m}}^{*}-\varepsilon_{\mathrm{eff}})} \tag{2-16}$$

式中，ε_0、$\varepsilon_{\mathrm{m}}^{*}$ 分别是空气和沙尘粒子的介电常数；V 是沙尘粒子所占的体积比；A_i 为沿椭球 i 轴的去极化因子，有 $A_1+A_2+A_3=1$。且 A_i 为

$$A_{i}=\frac{abc}{2}\int_{0}^{\infty}\frac{\mathrm{d}s}{(s+a^{2})\sqrt{(s+a^{2})(s+b^{2})(s+c^{2})}} \tag{2-17}$$

式(2 - 16)中所计算的 $\varepsilon_{\mathrm{eff}}^{i}$ 是在考虑了湍流的情况下作出的结论。

但是，沙尘暴达到稳定状态后持续的时间一般比较长，在没有湍流或气流切力的情况下，气流动力通常使悬浮粒子的主轴处于垂直平面内，而另外两轴在水平面内随机取向，这就是所谓的粒子排列成行理论。这时，沿着椭球粒子的各个轴具有不同的介电常数，使沙尘粒子呈各向异性，那么，它的介电常数可用下式表示：

$$\varepsilon_{\mathrm{eff}}^{i}=\varepsilon_{0}+\frac{V_{0}(\varepsilon_{\mathrm{m}}^{*}-\varepsilon_{0})\varepsilon/(\varepsilon_{0}+A_{i}(\varepsilon_{\mathrm{m}}^{*}-\varepsilon_{0}))}{1-V(\varepsilon_{\mathrm{m}}^{*}-\varepsilon_{0})A_{i}/(\varepsilon_{0}+A_{i}(\varepsilon_{\mathrm{m}}^{*}-\varepsilon_{0}))} \tag{2-18}$$

许多时候，为了讨论方便，常常把沙尘粒子看成球形粒子，因为球形粒子不包含任何取向信息，所以它的介电常数为一标量；又因为沙尘粒子尺寸比较小(与波长相比)，所以它的介电常数可采用瑞利公式来表示：

$$\frac{\varepsilon_{\mathrm{eff}}-\varepsilon_{0}}{\varepsilon_{\mathrm{eff}}+2\varepsilon_{0}}=V_{\mathrm{s}}\frac{\varepsilon_{\mathrm{m}}^{*}-\varepsilon_{0}}{\varepsilon_{\mathrm{m}}^{*}+2\varepsilon_{0}} \tag{2-19}$$

若取空气的介电常数为 1，则式(2 - 19)可简化如下：

$$\varepsilon_{\mathrm{eff}}=1+\frac{3\mu V}{1-\mu V} \tag{2-20}$$

式中

$$\mu=\frac{\varepsilon_{\mathrm{m}}^{*}-1}{\varepsilon_{\mathrm{m}}^{*}+2} \tag{2-21a}$$

$$V=V_{\mathrm{s}}=\frac{4\pi N}{3}\int_{0}^{\infty}a^{3}P(a)\mathrm{d}a \tag{2-21b}$$

式中，N 是单位体积内的粒子个数(单位为 m^{-3})；$p(a)$为沙尘粒子的粒径分布函数。

通常情况下，$V\ll 1\%$，$|\mu|\ll 1$，所以$|\mu V|\ll 1$，将该条件代入式(2 - 19)中得到 $\varepsilon_{\mathrm{eff}}$ 的实部及虚部分别为

$$\varepsilon'_{\mathrm{eff}}=1+3V\frac{(\varepsilon'-1)(\varepsilon'+2)+\varepsilon''^{2}}{(\varepsilon'+2)^{2}+\varepsilon''^{2}} \tag{2-22}$$

$$\varepsilon''_{\mathrm{eff}}=\frac{9V\varepsilon''}{(\varepsilon'+2)^2+\varepsilon''^2} \tag{2-23}$$

$$\varepsilon_{\mathrm{m}}^{*}=\varepsilon'-\mathrm{j}\varepsilon'' \tag{2-24}$$

在已知沙尘粒子的介电常数及其所占的体积比 V 的条件下，利用式(2-22)～式(2-24)可以求得沙尘暴的等效介电常数。

沙尘暴的等效介电常数与沙尘粒子的形状、介电常数、粒径分布函数以及单位体积内粒子数密度有一定的关系。Ahmed 等人对这种由稀疏分布的沙尘粒子构成的等效介质特性做了实际的测量，但所用的沙尘分布密度达 $1\ \mathrm{kg\cdot m^{-3}}$ 以上，远远超过了实际的沙尘暴，测试误差还是很大的。所以要想准确测试实际沙尘暴的等效介电常数是比较困难的，迄今为止，还没有比较可靠的测试数据作为其标准。

沙尘粒子是由干沙和所含水分组成的复合介质，其复介电常数由沙和水的介电常数决定，且随频率变化。因此沙粒子的介电常数是含水量和频率的函数，可用 Maxwell-Garnett 公式来计算其等效介电常数：

$$\varepsilon_{\mathrm{m}}^{*}=\varepsilon_{\mathrm{s}}\left(1+\frac{3p(\varepsilon_{\mathrm{w}}-\varepsilon_{\mathrm{s}})/(\varepsilon_{\mathrm{w}}+2\varepsilon_{\mathrm{s}})}{1-p(\varepsilon_{\mathrm{w}}-\varepsilon_{\mathrm{s}})/(\varepsilon_{\mathrm{w}}+2\varepsilon_{\mathrm{s}})}\right) \tag{2-25}$$

式中，$\varepsilon_{\mathrm{m}}^{*}$ 为沙尘的复介电常数；ε_{s} 和 ε_{w} 分别为干沙和水的复介电常数；p 为含水量的体积百分比。

本章小结

本章对与电波传播特性有关的沙尘的物理特征，如尺寸、形状，尺寸分布和介电特性等进行了概要描述。结合沙尘暴的起因与特点，主要给出了几种常用的沙尘尺寸谱模型，如指数分布、对数正态分布、均匀分布等；给出了常用的计算沙尘粒子等效介电常数的模型公式。

第 3 章　沙尘暴中电磁波的传播特性

3.1　引　　言

在沙漠地区，当发生沙尘暴时，沙尘粒子能上升到地面以上足够的高度，位于微波或毫米波无线电路径内。由于其存在吸收和散射效应，将使信号能量损耗，同时也引起附加相移，因此会使通信距离大大减小，通信质量严重下降，甚至造成局部地区通信联络中断。

沙尘暴对于电磁波的吸收和散射的量值，随沙尘粒子的尺寸、形状及密度而变化，不但引起电磁信号的衰减，而且对电磁脉冲信号的频域和时域特性产生影响。早在 1941 年，J.W.Ryde 就做了关于尘暴对微波散射方面的研究，但他仅考虑了尘暴的雷达反射率，发现在 $f<30$ GHz 并且沙尘浓度比较低时，尘暴对雷达信号不产生影响。美国军方曾做了爆炸形成的尘土对 35 GHz、94 GHz、140 GHz 的雷达毫米波信号传播影响的实验。Ghu、Ahmed、Goldhirsh 等人对 $f=4$ GHz 频率附近的沙尘土的介电常数进行测量，发现其与含水量关系密切，但是未给出一个通用的等效介电常数模型，无法进行更进一步的研究。Ahmed 和 Ali 等人研究了粒子尺寸具有一定分布的沙尘暴对微波传播的影响。Ahmed 等人通过地域沙尘的尺寸分布测量数据，建立微波衰减和相移模型；Julius Goldhirsh 基于 Rayleigh 散射，建立沙尘暴二维的衰减与后向散射模型；同时，许多学者也展开了沙尘粒子的介电特性和沙尘暴衰减的预测。从 20 世纪 80 年代起，国内才有学者开展这方面的研究，主要侧重于沙尘暴对陆地通信线路和地空路径上的衰减及交叉极化效应的研究，给出了相应的预报模型。由于微波、红外及光学系统广泛应用于通信、雷达、制导和遥感等系统，而沙尘媒质中的传输特性，可严重影响这些系统的工作性能，甚至使其完全失效。因此，研究各种沙尘环境对电磁信号的影响，对于开发和应用沙漠与干旱地区的目标探测、测距、遥感和通信等系统具有重要的实际价值。

本章基于介质球散射理论，分析和研究沙尘尺寸分布对电磁波传播特性的影响。由于沙尘粒子尺寸分布的多样性，使得研究沙尘媒质中微波传播的复杂性增加，因此应用空气单位体积中沙尘粒子的相对总体积与能见度的关系，推导出沙尘媒质中的微波传播特性的一般模型；进一步研究沙尘媒质的去极化效应、毫米波雷达后向散射特性及毫米脉冲波传输效应。最后，研究红外波段沙尘粒子的散射、消光和吸收特性，给出了沙尘红外衰减随能见度的变化关系。本章的讨论将为进一步研究带电沙尘媒质中电磁波传输特性奠定基础。

3.2　介质球散射理论

介质球散射理论是 1908 年 Mie 提出的。介质球散射理论(又称 Mie 散射理论)给出了介质球引起电磁波散射的精确解。

Mie 散射理论的原理是：以球表面为界，球外区由入射场和散射场组成，球内为透射场。首先将入射场展开成含已知系数的球矢量波函数，球内场和散射场展开成含未知系数的球矢量波函数；再应用麦克斯韦方程的边界条件(即切向分量连续)和辐射条件，将电磁场问题转化为求散射场各波模的未知数的代数方程。

取时间系统为 $\exp(\mathrm{j}\omega t)$，单个粒子的散射场 E_s 为

$$\boldsymbol{E}_s = \boldsymbol{E}_i \boldsymbol{S}(u)\frac{\exp(\mathrm{j}kr)}{\mathrm{j}kr} \tag{3-1}$$

式中，$\boldsymbol{S}(u)$为电场的散射振幅函数矩阵；$\boldsymbol{E}_i$ 为入射波。用列矩阵表示为

$$\boldsymbol{E}_i = \begin{bmatrix} E_{iH} \\ E_{iV} \end{bmatrix}, \boldsymbol{E}_s = \begin{bmatrix} E_H \\ E_V \end{bmatrix} \tag{3-2}$$

$$\boldsymbol{S}(u) = \begin{bmatrix} S_H & 0 \\ 0 & S_V \end{bmatrix} \tag{3-3}$$

散射振幅函数的垂直分量 S_V 和水平分量 S_H，分别为

$$S_V = \sum_{n=1}^{\infty} \frac{(2n+1)}{n(n+1)}(a_n \pi_n(\cos\theta) + b_n \tau_n(\cos\theta)) \tag{3-4}$$

$$S_H = \sum_{n=1}^{\infty} \frac{(2n+1)}{n(n+1)}(a_n \tau_n(\cos\theta) + b_n \pi_n(\cos\theta)) \tag{3-5}$$

式中，θ、n 为本征值；a_n 和 b_n 为 Mie 散射系数，它依赖于参数 x 和球介质的复折射指数。$\pi_n(\cos\theta)$、$\tau_n(\cos\theta)$ 以及 a_n、b_n 的表达式如下：

$$\pi_n(\cos\theta) = \frac{P'_n(\cos\theta)}{\sin\theta} \tag{3-6a}$$

$$\tau_n(\cos\theta) = \frac{\mathrm{d}}{\mathrm{d}\theta}P'_n(\cos\theta) \tag{3-6b}$$

$$a_n = \frac{\psi_n(x)\psi'_n(mx) - m\psi_n(mx)\psi'_n(x)}{\zeta_n(x)\psi'_n(mx) - m\psi_n(mx)\zeta'_n(x)} \tag{3-6c}$$

$$b_n = \frac{m\psi_n(x)\psi'_n(mx) - \psi_n(mx)\psi'_n(x)}{m\zeta_n(x)\psi'_n(mx) - \psi_n(mx)\zeta'_n(x)} \tag{3-6d}$$

式中，$x=ka$，a 为介质球的半径，k 为波数；m 为介质球的复折射指数。ψ_n、ζ_n 分别为

$$\psi_n(x) = xj_n(x), \zeta_n(x) = xh_n^{(1)}(x) \tag{3-7}$$

式中，$j_n(x)$为球贝塞尔函数，$h_n^{(1)}(x)$为第一类汉克尔函数。

对于前向散射，$\theta=0$，有 $\pi_n = \tau_n = \dfrac{n(n+1)}{2}$，这时有

$$S_V = S_H = S(0) = \sum_{n=1}^{\infty} \frac{2n+1}{2}(a_n + b_n) \tag{3-8}$$

为了便于计算，根据 Mie 散射理论，粒子的前向散射振幅函数 $S(0)$按参数 $x(x=ka)$ 的幂级数展开为

$$S(0) = \mathrm{j}x^3(M_1 + M_2 x^2 + M_3 x^3 + M_4 x^4 + \cdots + M_n x^n + \cdots) \tag{3-9a}$$

式中

$$M_1 = \frac{m^2-1}{m^2+2} \tag{3-9b}$$

$$M_2=M_1\left(\frac{3}{5}\left(\frac{m^2-1}{m^2+2}\right)+\frac{1}{30}(m^2+2)+\frac{1}{6}\left(\frac{m^2+2}{2m^2+3}\right)\right) \tag{3-9c}$$

$$M_3=-\mathrm{j}\,\frac{2}{3}M_1^2 \tag{3-9d}$$

$$M_4=\frac{3}{350}\left(\frac{m^6+20m^4-200m^2+200}{(m^2+2)^2}\right)+\frac{1}{315}(m^4-4)-\frac{5}{42}\left(\frac{m^2+2}{(2m^2+3)^2}\right)+\frac{2}{225}\left(\frac{m^2+2}{3m^2+4}\right) \tag{3-9e}$$

$$M_5=-\mathrm{j}\,\frac{4}{5}M_1^2\left(\frac{m^2-2}{m^2+2}\right) \tag{3-9f}$$

由于沙尘粒子尺寸比较小，在频率不太高时满足 $ka\ll 1$ 的条件，因此可以采用Rayleigh公式的两项近似，并且对于沙尘粒子来说 $m=\sqrt{\varepsilon_m^*}$，有

$$S(0)=\mathrm{j}k^3\left(\frac{\varepsilon_m^*-1}{\varepsilon_m^*+2}\right)a^3+\frac{2}{3}k^6\left(\frac{\varepsilon_m^*-1}{\varepsilon_m^*+2}\right)^2a^6 \tag{3-10}$$

由粒子散射产生的衰减率 α（单位为 $\mathrm{dB\cdot km^{-1}}$）和相移率 β（单位为 $(^\circ)\cdot\mathrm{km^{-1}}$）分别为

$$\alpha=8.686\times10^3\,\frac{2\pi}{k_0{}^2}\int_0^\infty \mathrm{Re}(S(0))N(a)\,\mathrm{d}a \tag{3-11}$$

$$\beta=57.296\times10^3\,\frac{2\pi}{k_0{}^2}\int_0^\infty \mathrm{Im}(S(0))N(a)\,\mathrm{d}a \tag{3-12}$$

式中，k_0 为自由空间传播常数（单位为 $\mathrm{m^{-1}}$）；$N(a)$ 为粒子尺寸分布密度；a 为粒子半径（单位为 mm）。

3.3　水平路径上毫米波在沙尘暴中传播的衰减和相移

本节将从散射理论出发，给出水平路径上由沙尘暴引起的衰减和相移表达式。

式(3-11)和式(3-12)中的粒子尺寸分布密度 $N(a)$ 可以表示为

$$N(a)=Np(a) \tag{3-13}$$

式中，$p(a)$ 为粒子尺寸分布函数；a 为粒子半径，N 为单位体积中的粒子数。

由第2章的讨论可知，沙尘暴的能见度与单位体积中沙尘粒子个数 N 的关系表达式（参见式(2-4)）：

$$N=\frac{15}{8.686\times10^3\pi V_b\int_0^\infty a^2p(a)\,\mathrm{d}a} \tag{3-14}$$

将式(3-10)和式(3-14)代入由散射介质的等效复折射指数推导出的式(3-11)中，可以得到如下表达式：

$$\alpha=1.7372\times10^4k_0^{-2}N\pi\int_{a_{\min}}^{a_{\max}}k_0^3a^3\,\frac{3\varepsilon''}{(\varepsilon'+2)^2+\varepsilon''^2}p(a)\,\mathrm{d}a+1.7372\times10^4k_0^{-2}N\pi\int_{a_{\min}}^{a_{\max}}\frac{2}{3}k_0^6a^6\,\frac{((\varepsilon'-1)(\varepsilon'+2)+\varepsilon''^2)-9\varepsilon''^2}{((\varepsilon'+2)^2+\varepsilon''^2)^2}p(a)\,\mathrm{d}a \tag{3-15}$$

式中，第一项代表介质的吸收效应，第二项代表介质的散射效应。因为吸收效应正比于

a^3/λ，而散射效应正比于 a^6/λ^4，所以第二项可以略去不计；再将式(3－14)代入其中，式(3－15)可简化为

$$\alpha = 30k_0 \frac{3\varepsilon''}{V_b[(\varepsilon'+2)^2+\varepsilon''^2]} \cdot \frac{\int_{a_{\min}}^{a_{\max}} a^3 p(a)\mathrm{d}a}{\int_{a_{\min}}^{a_{\max}} a^2 p(a)\mathrm{d}a} \tag{3-16}$$

式中，$\varepsilon_m^* = \varepsilon' - j\varepsilon''$；$a_{\min}$ 和 $a_{\max}$ 分别是能影响毫米波传播的空间中沙尘粒子的最小半径和最大半径。

令
$$a_e = \frac{\int_{a_{\min}}^{a_{\max}} a^3 p(a)\mathrm{d}a}{\int_{a_{\min}}^{a_{\max}} a^2 p(a)\mathrm{d}a}$$

称为等效半径。它与粒子的粒径分布密度函数 $p(a)$ 直接相关。因而式(3－16)可写为

$$\alpha = 30k_0 \frac{3\varepsilon''}{V_b((\varepsilon'+2)^2+\varepsilon''^2)} a_e \tag{3-17}$$

类似地，计算附加相移：

$$\begin{aligned}\beta = {} & 3.6\times10^5 k_0^{-2} N \int_{a_{\min}}^{a_{\max}} k_0^3 a^3 \frac{(\varepsilon'-1)(\varepsilon'+2)+\varepsilon''^2}{(\varepsilon'+2)^2+\varepsilon''^2} p(a)\mathrm{d}a \\ & + 3.6\times10^5 k_0^{-2} N \int_{a_{\min}}^{a_{\max}} \frac{2}{3} k_0^6 a^6 \frac{6\varepsilon''((\varepsilon'-1)(\varepsilon'+2)+\varepsilon''^2)}{((\varepsilon'+2)^2+\varepsilon''^2)^2} p(a)\mathrm{d}a \end{aligned} \tag{3-18}$$

同理，式(3－18)中的第二项也可以省略，同时将式(3－14)代入其中，得到

$$\beta = \frac{5.4\times10^3}{8.686\pi} \cdot \frac{k_0}{V_b} \cdot \frac{(\varepsilon'-1)(\varepsilon'+2)+\varepsilon''^2}{(\varepsilon'+2)^2+\varepsilon''^2} \cdot a_e \tag{3-19}$$

将式(3－17)和式(3－19)进一步改写为如下形式：

$$\alpha = -\frac{0.6287f}{V_b} \mathrm{Im}\left(\frac{\varepsilon_m^*-1}{\varepsilon_m^*+2}\right) \cdot \frac{I_3}{I_2} \tag{3-20}$$

$$\beta = \frac{4.15f}{V_b} \mathrm{Re}\left(\frac{\varepsilon_m^*-1}{\varepsilon_m^*+2}\right) \cdot \frac{I_3}{I_2} \tag{3-21}$$

式中，$I_n = \int_{a_{\min}}^{a_{\max}} r^n p(r)\mathrm{d}r\ (n=1, 2, 3, \cdots)$；$f$、$V_b$ 的单位分别取为 GHz、km。

3.4　地空路径上毫米波在沙尘暴中的传播特性

将 I_3/I_2 的比值定义为沙尘粒子(简称沙粒)的等效半径。在距地面 1～21 m 的高度时，沙粒的平均半径和能见度随高度变化由实验测得的关系为

$$r_a = r_{0a}\left(\frac{h}{h_0}\right)^{-\gamma_a},\ \gamma_a = 0.15 \tag{3-22}$$

$$V_b = V_{b0}\exp(b(h-h_0)),\ b = 1.25 \tag{3-23}$$

式中，$\gamma_a = 0.15$；$b = 1.25$；h_0 为地球站的高度；r_{0a}、V_{b0} 分别为高度 h_0 时沙粒的平均半径和能见度。

把式(3－22)、式(3－23)分别代入式(3－20)和式(3－21)中，可得到距地面 1～21 m

高度时沙尘暴引起的衰减与相移表达式分别为

$$\alpha=-\frac{0.6287f\cdot r_a}{V_{b0}\exp(b(h-h_0))}\frac{I_3}{I_2}\cdot\left(\frac{h}{h_0}\right)^{-\gamma_a}\mathrm{Im}\left[\frac{\varepsilon_m^*-1}{\varepsilon_m^*+2}\right] \tag{3-24}$$

$$\beta=\frac{4.15f\cdot r_a}{V_{b0}\exp[b(h-h_0)]}\frac{I_3}{I_2}\cdot\left(\frac{h}{h_0}\right)^{-\gamma_a}\mathrm{Re}\left[\frac{\varepsilon_m^*-1}{\varepsilon_m^*+2}\right] \tag{3-25}$$

电磁波在沙尘中沿水平和地空路径上的衰减和相移计算模型表明，对于确定的沙尘分布，衰减和相移与 I_3/I_2 的值成正比关系。下面讨论五种沙尘分布下的 I_3/I_2 值。

3.4.1　不同沙尘尺寸分布下 I_3/I_2

（1）均匀分布。沙尘分布为均匀分布函数：

$$p(r)=\frac{1}{2a} \tag{3-26}$$

则

$$\frac{I_3}{I_2}=\frac{3a}{2} \tag{3-27}$$

式中，a 为沙尘粒径的平均值。

（2）指数分布。沙尘分布为指数分布函数：

$$p(r)=\frac{1}{a}\exp-\frac{r}{a} \tag{3-28}$$

则

$$\frac{I_3}{I_2}=3a \tag{3-29}$$

式中，a 为沙尘粒径的平均值。

（3）瑞利分布。沙尘分布为瑞利分布函数：

$$p(r)=\frac{r}{\alpha^2}\exp\left(-\frac{r^2}{2\alpha^2}\right) \tag{3-30}$$

则

$$\frac{I_3}{I_2}=\frac{3a}{2} \tag{3-31}$$

式中，a 为沙尘粒径的平均值，$a=\alpha\sqrt{\frac{\pi}{2}}$。

（4）正态分布。沙尘分布为正态分布函数：

$$p(r)=\frac{1}{\sigma\sqrt{2\pi}}\exp\left(-\frac{(r-a)^2}{2\sigma^2}\right) \tag{3-32}$$

则

$$\frac{I_3}{I_2}=\left(\frac{1+3\delta^2}{1+\delta^2}\right)a,\ \delta=\frac{\sigma}{a} \tag{3-33}$$

式中，σ 为标准偏差；a 为沙尘粒径的平均值。

（5）对数正态分布。沙尘分布为对数正态分布函数：

$$p(r)=\frac{1}{\sqrt{2\pi}\beta r}\exp\left(-\frac{(\ln r-\alpha)^2}{2\beta^2}\right) \tag{3-34}$$

则

$$\frac{I_3}{I_2}=(1+\delta^2)a\text{，}\delta=\frac{\sigma}{a} \tag{3-35}$$

式中，a 为沙尘粒径的平均值，$a=\exp(\alpha+\frac{\beta^2}{2})$；$\sigma$ 为标准偏差，$\sigma=a(\exp\beta^2-1)^{\frac{1}{2}}$

3.4.2　水平路径及地空路径上计算结果和分析

根据沙尘粒子等效介电常数模型及沙尘不同尺寸分布下的$\frac{I_3}{I_2}$值，应用沙尘引起的毫米波沿水平路径及地空路径上衰减和相移的计算模型，对不同分布尺寸下的毫米波衰减和相移进行了仿真计算，其结果如图 3-1～图 3-6 所示。

图 3-1 和图 3-2 给出了频率 $f=37$ GHz、沙尘粒子含水量为 10%时，在不同尺寸分布下，水平路径上电磁波衰减和相移随能见度的变化关系，结果表明衰减和相移随能见度的增大而减小。

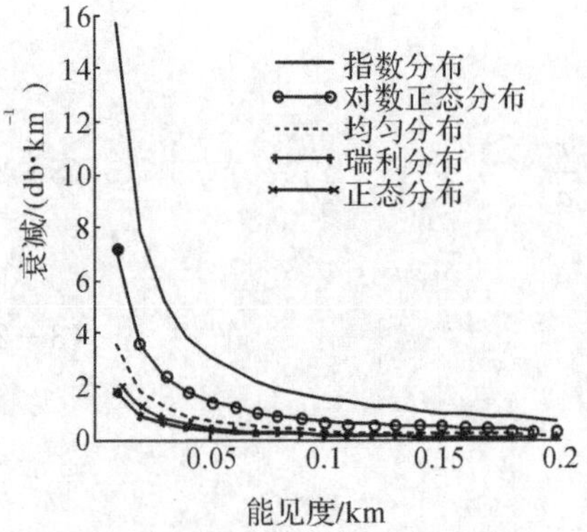

图 3-1　衰减与能见度的变化关系

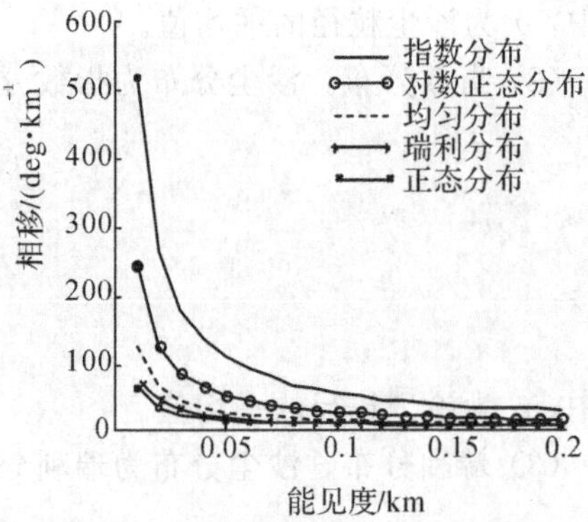

图 3-2　相移与能见度的变化关系

图 3-3 和图 3-4 给出了水平路径上、沙尘粒子水含量为 30%时，沙尘引起的微波衰减和相移随频率的变化关系，衰减和相移随频率的增大而增大。

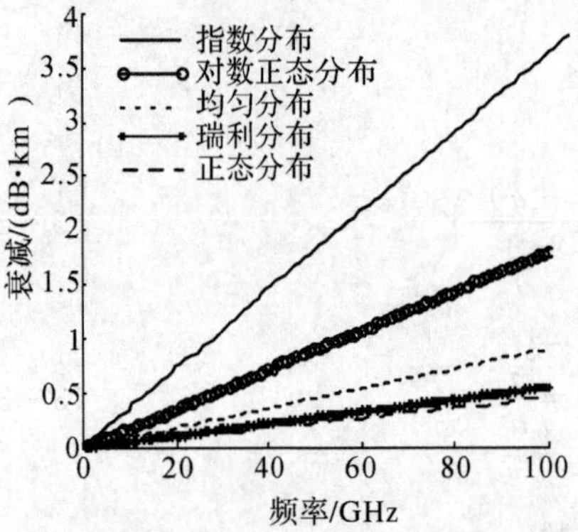

图 3-3　衰减与频率的变化关系

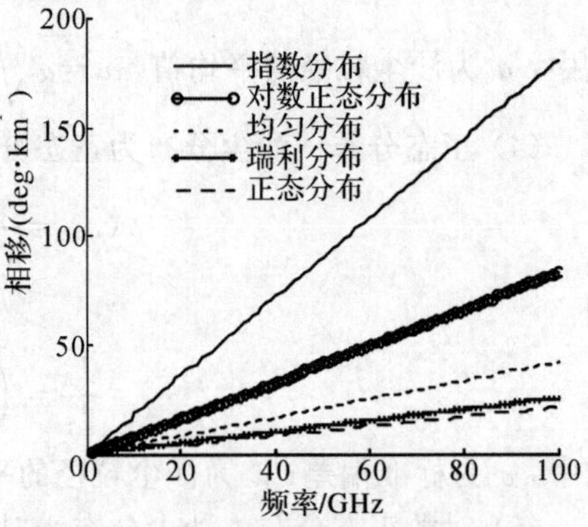

图 3-4　相移与频率的变化关系

图 3-5 和图 3-6 给出了不同尺寸分布下，沙尘引起的衰减和相移随高度的变化关系。

随着高度增大，衰减和相移减小。当沙尘粒子尺寸为指数分布和对数正态分布时，衰减和相移预测结果差异较大，这与有关文献的结论吻合；当沙尘粒子尺寸为瑞利分布和正态分布时，衰减和相移预测结果较为一致。

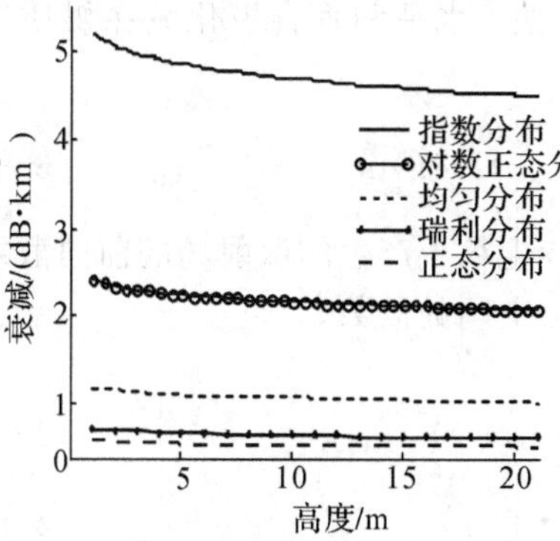

图 3-5　衰减与高度的变化关系

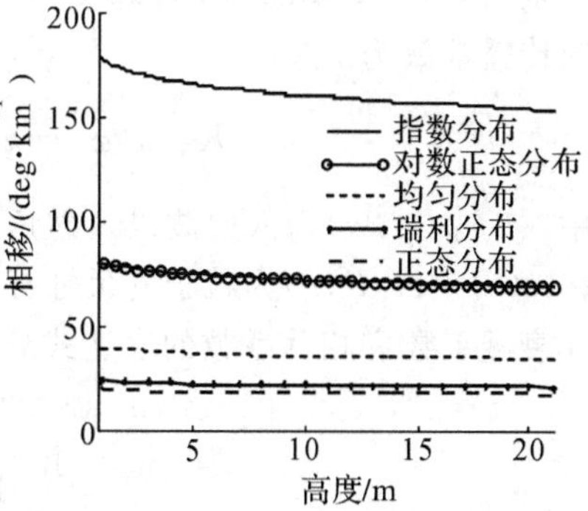

图 3-6　相移与高度的变化关系

在 Rayleigh 近似条件下，给出沙尘引起的毫米波在水平和地空路径衰减和相移的计算模型。分析仿真结果可以看出，沙尘的尺寸分布对微波衰减和相移的影响不可忽略，指数分布和对数正态分布对电磁波的传播特性影响最大，瑞利分布和正态分布的预测结果较为接近且影响最小。

3.5　沙尘媒质中的衰减和去极化效应模型

沙尘暴中微波传播理论备受关注，归因于其在微波中继、卫星通信和遥感等方面的重要应用。通常当发生沙尘暴时，沙尘粒子能上升到地面以上足够高度，位于微波或毫米波无线电路径内，形成吸收和散射效应，造成信号能量损耗，并引起附加相移，使通信距离大大减小，通信质量严重下降甚至中断。

许多国外文献报道了沙尘媒质中的衰减和相移问题。研究表明，沙尘粒子的尺寸分布、粒子的含水量、能见度及电磁波频率是影响微波传播特性的重要因素。2012 年，台湾学者陈兴义应用有限时域差分法研究了沙尘媒质的微波衰减特性。

事实上，沙尘媒质的衰减、相移和交叉去极化均与粒子的形状有关。考虑到球形和椭球形的沙尘粒子，国外学者已做了有关沙尘暴对微波传播影响的理论研究，Ghobrial 和 Sharief 等人研究了 $f=10$ GHz 频率附近的微波在沙尘暴中传播的衰减特性。Ahmed 研究了沙尘尺寸分布对微波传播特性的影响。McEwan 和 Bashir、Salmaen、Ghobrial 及其他学者研究了沙尘媒质的去极化效应。Ghobrial、Ahmed 等人分别计算了 $f=10$ GHz、37 GHz 频率附近的微波，在沙尘暴中传播时的差分衰减、差分相移以及去极化分辨率等。研究结果表明，交叉去极化效应是沙尘暴影响微波传播的重要因素。

本节基于 Rayleigh 散射，应用空气单位体积中沙尘粒子的相对总体积与能见度的关系，简化沙尘粒子随机分布的复杂性对微波传播的影响，给出沙尘媒质中的微波传播特性的一般模型，该模型适用于不同频率的情形。分析了粒子形状、能见度及含水量对微波传播的影响。

3.5.1 传播常数

根据 Chu 和 Ansri、Evans 等人研究提出的研究方法，水平和垂直极化波在媒质中的前向传播常数为

$$K_{\mathrm{V,H}}(\varphi)=k_0+\frac{2\pi}{k_0}\int_0^{\infty}f_{\mathrm{V,H}}(\varphi, r)N(r)\mathrm{d}r \tag{3-36}$$

式中，$f_{\mathrm{V,H}}(\varphi, r)$为入射波以入射角 φ 入射到椭球状沙尘粒子产生的散射场的前向散射振幅；$N(r)=N_0P(r)$为粒子的尺寸分布密度；k_0 为自由空间的波数。

衰减系数和相移系数的表达式分别为

$$\alpha=8.686\mathrm{Im}(K_{\mathrm{V,H}})\quad(\mathrm{dB}\cdot\mathrm{m}^{-1}) \tag{3-37}$$

$$\beta=\frac{180}{\pi}\mathrm{Re}(K_{\mathrm{V,H}})\quad(\mathrm{deg}\cdot\mathrm{m}^{-1}) \tag{3-38}$$

3.5.2 沙尘的微波衰减模型

将式(3-10)和式(3-13)代入式(3-36)中，传播常数为

$$K=k_0+\frac{3}{2}k_0\left(\frac{\varepsilon_{\mathrm{m}}^*-1}{\varepsilon_{\mathrm{m}}^*+2}\right)\int_0^{\infty}\frac{4\pi}{3}r^3N(r)\mathrm{d}r \tag{3-39}$$

空气中单位体积沙尘粒子的相对总体积为

$$v_r=\int_0^{\infty}\frac{4\pi}{3}r^3N(r)\mathrm{d}r \tag{3-40}$$

由式(3-39)和式(3-40)，推导出传播常数为

$$K=k_0+\frac{3}{2}k_0\left(\frac{\varepsilon_{\mathrm{m}}^*-1}{\varepsilon_{\mathrm{m}}^*+2}\right)v_r \tag{3-41}$$

空间单位体积中沙尘颗粒的含量 M 为

$$M=\rho\cdot v_r \tag{3-42}$$

式中，ρ 为粒子的质量密度，$\rho=2.44\times10^3\ \mathrm{kg}\cdot\mathrm{m}^{-3}$。

沙尘暴的能见度与空间单位体积中沙尘粒子的含量 M 之间的关系为

$$M=\frac{C}{V_{\mathrm{b}}^{\gamma}} \tag{3-43}$$

式中，$C=2.3\times10^{-5}$，$\gamma=1.07$。

空气中单位体积沙尘粒子的相对总体积为

$$v_r=\frac{9.43\times10^{-9}}{V_{\mathrm{b}}^{\gamma}} \tag{3-44}$$

因此，传播常数为

$$K=k_0+\frac{3}{2}k_0\left(\frac{\varepsilon_{\mathrm{m}}^*-1}{\varepsilon_{\mathrm{m}}^*+2}\right)\frac{9.43\cdot10^{-9}}{V_{\mathrm{b}}} \tag{3-45}$$

将式(3-45)代入式(3-37)，得到衰减系数的表达式为

$$\alpha=2.573\times10^{-3}\ \frac{f}{V_{\mathrm{b}}^{\gamma}}\mathrm{Im}\left(\frac{\varepsilon_{\mathrm{m}}^*-1}{\varepsilon_{\mathrm{m}}^*+2}\right)\quad(\mathrm{dB}\cdot\mathrm{km}^{-1}) \tag{3-46}$$

同理，可得相移系数的表达式为

$$\beta = 1.697 \times 10^{-3} \frac{f}{V_b^\gamma} \mathrm{Re}\left(\frac{\varepsilon_m^* - 1}{\varepsilon_m^* + 2}\right) \quad (\mathrm{deg} \cdot \mathrm{km}^{-1}) \tag{3-47}$$

式中，f 为电磁波频率(单位为 GHz)，V_b 为能见度(单位为 km)。

3.5.3 去极化效应

在 Rayleigh 近似条件下，椭球形沙尘粒子的前向散射振幅为

$$f_i(k_1, k_2) = k_0^2 \frac{abc}{3} \cdot \frac{1}{A_i + \dfrac{1}{\varepsilon_m^* - 1}} = k_0^2 \frac{abc}{3}(L_i' - iL_i'') \tag{3-48}$$

式中

$$L_i' = \mathrm{Re}\left[\frac{1}{A_i + 1/(\varepsilon_m^* - 1)}\right], \ L_i'' = \mathrm{Im}\left[\frac{1}{A_i + 1/(\varepsilon_m^* - 1)}\right] \quad (i = 1, 2, 3) \tag{3-49}$$

其中 A_i 是椭球极化因子，表达式为

$$A_i = \frac{abc}{2} \int_0^\infty \frac{\mathrm{d}s}{(s + a_i^2)\sqrt{(s+a)^2(s+b)^2(s+c)^2}} \quad (i = 1, 2, 3) \tag{3-50}$$

式中，$a_1 = a$，$a_2 = b$，$a_3 = c$；并且有 $A_1 + A_2 + A_3 = 1$。1987 年，Ghobrial 和 Shayief 考察了 500 个尘土粒子的形状，得出了轴比的平均值为 $a : b : c = 1 : 0.75 : 0.53$，这与 McEwan 和 Bashir 所测得的结果一致。

把式(3-48)代入式(3-36)，得到传播常数为

$$K = k_0 + k_0 \frac{L_i'}{2} v_r - ik_0 \frac{L_i''}{2} v_r \tag{3-51}$$

式中，v_r 为沙尘粒子的相对总体积，$v_r = \int_0^\infty \frac{4\pi}{3} abcN(r)\mathrm{d}r$ 。

把式(3-51)分别代入式(3-37)和式(3-38)，得到衰减系数(α_i)和相移系数(β_i)的表达式分别为

$$\alpha_i = 8.577 \times 10^{-4} \frac{f}{V_b^\gamma} L_i'' \quad (\mathrm{dB} \cdot \mathrm{km}^{-1}) \tag{3-52}$$

$$\beta_i = 5.658 \times 10^{-3} \frac{f}{V_b^\gamma} L_i' \quad (\mathrm{deg} \cdot \mathrm{km}^{-1}) \tag{3-53}$$

式中，$i = 1$、2 对应水平极化波；$i = 3$ 对应垂直极化波。

由于椭球粒子水平面上的两个轴在水平面内随机取向，因而对水平极化波来说，衰减系数和相移系数的表达式分别为

$$\alpha_H = \frac{1}{2}(\alpha_1 + \alpha_2) = 8.577 \times 10^{-4} \frac{f}{V_b^\gamma} \cdot \frac{1}{2}(L_1'' + L_2'') \quad (\mathrm{dB} \cdot \mathrm{km}^{-1}) \tag{3-54}$$

$$\beta_H = \frac{1}{2}(\beta_1 + \beta_2) = 5.658 \times 10^{-3} \frac{f}{V_b^\gamma} \cdot \frac{1}{2}(L_1' + L_2') \quad (\mathrm{deg} \cdot \mathrm{km}^{-1}) \tag{3-55}$$

对于垂直极化波，衰减系数和相移系数的表达式分别为

$$\alpha_V = 8.577 \times 10^{-4} \frac{f}{V_b^\gamma} L_3'' \quad (\mathrm{dB} \cdot \mathrm{km}^{-1}) \tag{3-56}$$

$$\beta_V = 5.658 \times 10^{-3} \frac{f}{V_b^{\gamma}} L'_3 \quad (\text{deg} \cdot \text{km}^{-1}) \tag{3-57}$$

差分衰减(单位为 $\text{dB} \cdot \text{km}^{-1}$)为

$$\Delta\alpha = |\alpha_H - \alpha_V| = 8.577 \times 10^{-4} \frac{f}{V_b^{\gamma}} \cdot \left| \frac{1}{2}(L''_1 + L''_2) - L''_3 \right| \tag{3-58}$$

差分相移(单位为 $\text{deg} \cdot \text{km}^{-1}$)为

$$\Delta\beta = |\beta_H - \beta_V| = 5.658 \times 10^{-3} \frac{f}{V_b^{\gamma}} \cdot \left| \frac{1}{2}(L'_1 + L'_2) - L'_3 \right| \tag{3-59}$$

式中，f 为电磁波频率(单位为 GHz)；V_b 为能见度(单位为 km)。

对于圆极化波，去极化分辨率(XPD)为

$$\text{XPD} = 10 \cdot \log \left| \frac{1 + 2m\cos\varphi + m^2}{1 - 2m\cos\varphi + m^2} \right| \quad (\text{dB}) \tag{3-60}$$

式中，m 是产生去极化的两个线极化波振幅的比值；φ 是它们之间的相位差。对于沙尘暴中的波传播来说，参数 m 和 φ 可以写为

$$m = \exp(-|\alpha_V - \alpha_H| L) = \exp(-\Delta\alpha \cdot L) \tag{3-61}$$

$$\varphi = |\beta_H - \beta_V| L = \Delta\beta \cdot L \tag{3-62}$$

式中，L(单位为 km)为毫米波在沙尘暴中传播的路径长度。

3.5.4 计算结果和分析

1. 球形沙尘粒子的衰减

在 Rayleigh 近似条件下，Goldhirsh 给出微波在沙尘媒质中的衰减模型，其表达式为

$$\alpha = \frac{2.317 \times 10^{-3} \varepsilon''}{((\varepsilon' + 2) + \varepsilon''^2)\lambda} \cdot \frac{1}{V_b^{\gamma}} \quad (\text{dB} \cdot \text{km}^{-1}) \tag{3-63}$$

式中，V_b 为能见度(单位为 km)；λ 为波长(单位为 m)，ε'和 ε''分别为沙尘粒子的复介电常数 $\varepsilon_m^* = \varepsilon' - j\varepsilon''$的实部和虚部；$\gamma = 1.07$。

基于 Mie 理论和沙尘粒子的实测分布函数，Ahmed 等人推导出毫米波在沙尘中传播的衰减模型，其表达式为

$$\alpha = 5.670 \times 10^4 \frac{1}{V_b} \left(\frac{r_e}{\lambda}\right) \frac{\varepsilon''}{((\varepsilon' + 2) + \varepsilon''^2)} \tag{3-64}$$

式中，V_b 为能见度(单位为 km)；λ 为波长(单位为 m)；r_e 为沙尘粒子的等效粒径(单位为 μm)。

在 Rayleigh 近似条件下，Ahmed 推导出沙尘媒质中的微波衰减模型，其表达式为

$$\alpha = 0.629 \times 10^3 \frac{f r_e}{V_b} \frac{\varepsilon''}{((\varepsilon' + 2) + \varepsilon''^2)} \tag{3-65}$$

式中，V_b 为能见度(单位为 km)；f 为电磁波频率(单位为 GHz)；r_e 为沙尘粒子的等效粒径(单位为 μm)。

基于十年的能见度实验测量数据，Alhaider 推导出 Rayleigh 近似条件下的微波衰减模型为

$$\alpha = \frac{0.189}{V_b} \cdot \frac{r}{\lambda} \cdot \frac{3\varepsilon''}{((\varepsilon' + 2) + \varepsilon''^2)} \tag{3-66}$$

式中，V_b 为能见度(单位为 km)；λ 为波长(单位为 m)；r 为沙尘粒子粒径(单位为 m)。

为了验证本节式(3-46)模型的正确性，取 $f=40$ GHz、含水量为 5.0% 时的介电常数为 $\varepsilon_m^*=4.0-j1.325$，应用式(3-46)计算沙尘引起的微波衰减，并将计算结果与 Goldhirsh 模型式(3-63)、Ahmed 等人的模型式(3-64)、Ahmed 模型式(3-65)和 Alhaider 模型式(3-66)的预测结果进行了比较，如图 3-7 所示。从图中看出，衰减随能见度的增加而减小。式(3-46)模型的衰减与 Goldhirsh 模型的预测结果相当吻合，与 Alhaider 模型的预测结果非常接近。

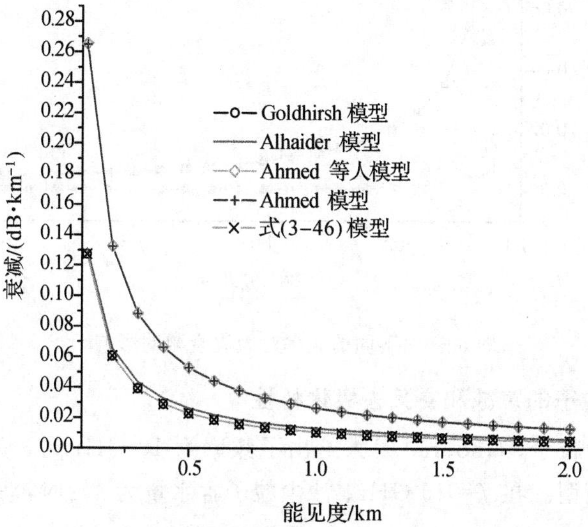

图 3-7　五种模型衰减比较(f=40 GHz)

在上述五种模型当中，Ahmed 的两种模型预测的衰减结果较大并且一致，本节式(3-46)模型和 Alhaider 模型预测的衰减较小，但随着能见度的增加，五种模型间的差异逐渐减小。

图 3-8 所示为在频率 f=37 GHz 时，沙尘粒子含水量对微波衰减特性的影响；图

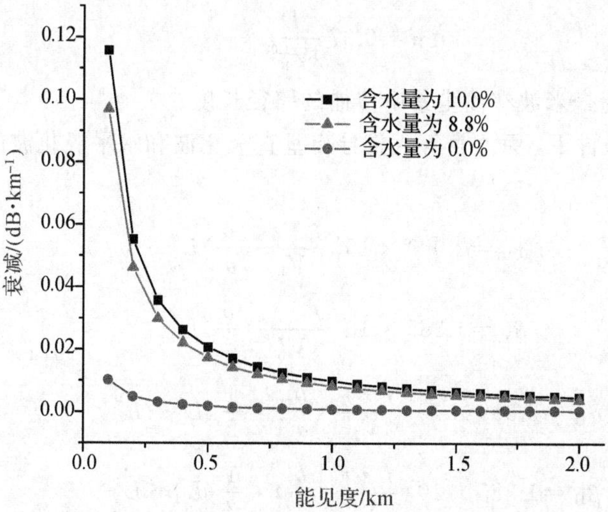

图 3-8　37 GHz 时沙尘粒子含水量对微波衰减的影响

3－9所示为电磁波频率对微波衰减的影响。由图 3－8 和图 3－9 可以分别看出，含水量增加，衰减增大；频率越大，衰减越大。

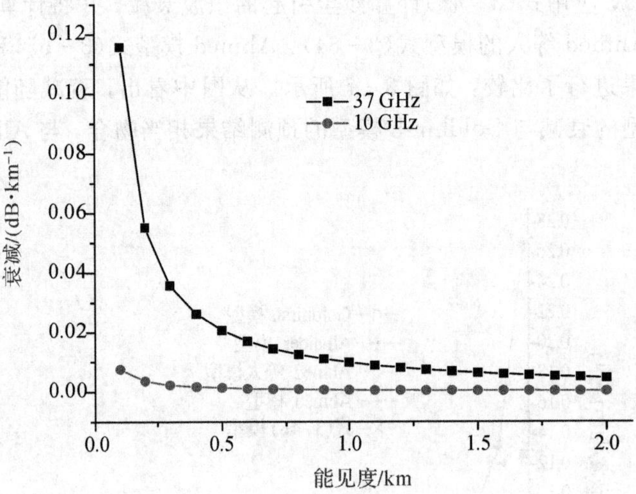

图 3－9　不同的频率对微波衰减的影响

2. 椭球形沙尘粒子的衰减和交叉去极化特性

对于椭球形沙尘粒子，Ghobrial 等人给出了频率为 10 GHz 时，垂直极化波和水平极化波的衰减和相移模型。在 $f=10$ GHz、沙尘粒子含水量为 4%时，其表达式分别为

$$\alpha_V = 1.23\times10^{-3}\frac{D}{\lambda V_b^{1.07}} \tag{3-67}$$

$$\beta_V = 0.26\frac{D}{\lambda V_b^{1.07}} \tag{3-68}$$

$$\alpha_H = 2.57\times10^{-3}\frac{D}{\lambda V_b^{1.07}} \tag{3-69}$$

$$\beta_H = 0.37\frac{D}{\lambda V_b^{1.07}} \tag{3-70}$$

式中，D(单位为 km)为毫米波在沙尘暴中传播的路径长度。

在 Rayleigh 近似条件下，尹文言等人推导出垂直极化波和水平极化波的衰减和相移模型，其表达式分别为

$$\alpha_V = 2.099\times10^2\frac{f\cdot r_e}{V_b}\langle\frac{b}{a}\rangle L''_3 \tag{3-71}$$

$$\beta_V = 1.385\times10^3\frac{f\cdot r_e}{V_b^{\gamma}}\langle\frac{b}{a}\rangle L'_3 \tag{3-72}$$

$$\alpha_H = 2.099\times10^2\frac{f\cdot r_e}{V_b}\langle\frac{b}{a}\rangle\cdot\frac{1}{2}(L''_1+L''_2) \tag{3-73}$$

$$\beta_H = 1.385\times10^3\frac{f\cdot r_e}{V_b}\langle\frac{b}{a}\rangle\cdot\frac{1}{2}(L'_1+L'_2) \tag{3-74}$$

式中，f 为电磁波频率(单位为 GHz)；V_b 为能见度(单位为 km)；r_e 为沙尘粒子的等效粒

径(单位为 μm)。

为了验证本节式(3-54)和式(3-56)模型的正确性，其参数的选取与 Ghobrial 等人模型的相同，f=10 GHz、含水量为 4.0%时的介电常数为 $\varepsilon_m^* = 6.23 - j0.57$。

1) 水平极化波的衰减

图 3-10 所示为尹文言等人模型式(3-73)、Ghobrial 等人模型式(3-69)与本节式(3-54)模型在频率 f=10 GHz 时微波衰减计算的结果。从图中可以看出，水平极化波的衰减随能见度的增加而减小。式(3-54)模型与 Goldhirsh 模型的结果一致，与尹文言等人模型的计算结果相差较大。对比式(3-54)模型与 Ghobrial 模型，式(3-54)模型适用的范围大。

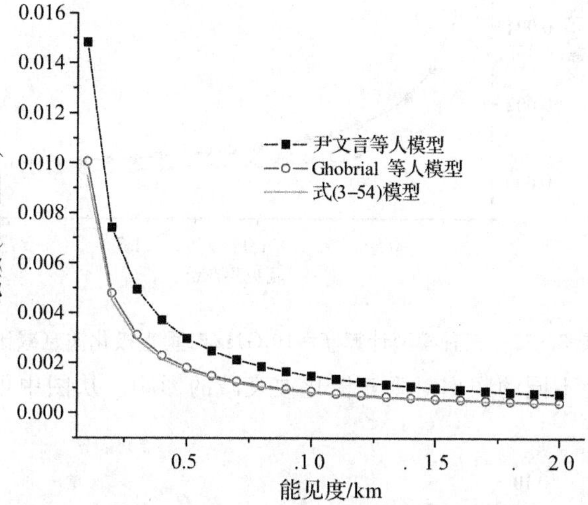

图 3-10　三种模型计算 f=10 GHz 时水平极化波衰减比较

当 f=37 GHz 和 f=24 GHz，沙尘粒子的介电常数分别为 $\varepsilon_m^* = 4.0 - j1.3$ 和 $\varepsilon_m^* = 5.1 - j1.4$ 时，仿真计算了电磁波频率对水平极化波的衰减影响，如图 3-11 所示。由图中可以看出，频率越大，衰减越大。

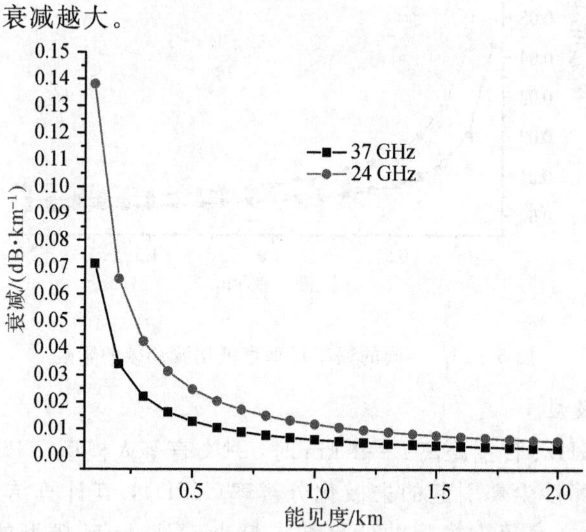

图 3-11　不同的频率对水平极化波衰减的影响

2）垂直极化波的衰减

在频率 $f=10$ GHz 时，尹文言等人模型式(3-71)、Ghobrial 模型式(3-67)和本节式(3-56)模型计算垂直极化波的衰减结果如图 3-12 所示。从图中可以看出，式(3-56)模型和 Ghobrial 模型的衰减结果一致，而与尹文言等人模型的结果相差较大。

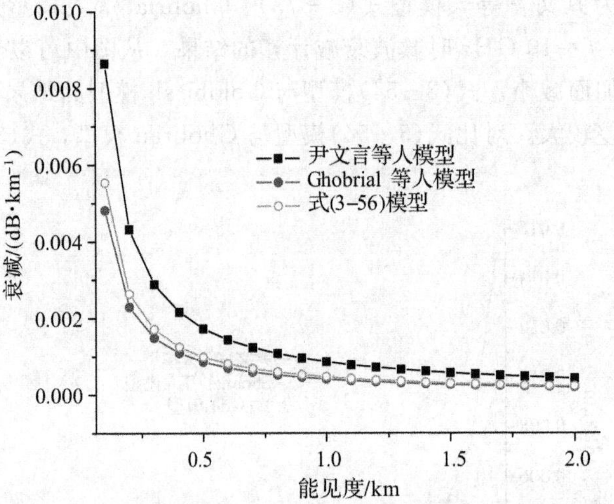

图 3-12　三种模型计算 $f=10$ GHz 时垂直极化波衰减比较

图 3-13 所示为不同的频率对垂直极化波衰减的影响。从图中可以看出，衰减随频率的增大而增大。

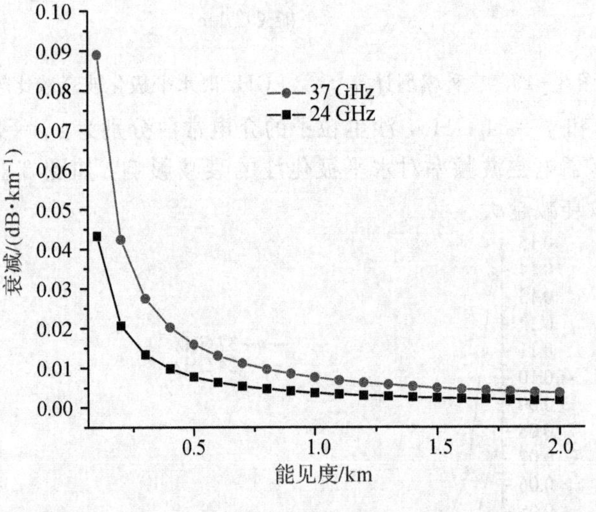

图 3-13　不同的频率对垂直极化波衰减的影响

3）交叉去极化效应

在频率 $f=10$ GHz、传播距离 $L=1$ km 时，尹文言等人模型、Ghobrial 等人模型与本节式(3-60)模型计算沙尘暴引起的去极化分辨率(XPD)，其计算结果如图 3-14 所示。从图中可以看出，尹文言等人模型的计算结果最小，Ghobrial 模型的结果较大，本节式(3-60)模型的结果最大。在能见度小于 0.1 km 时，微波在沙尘暴中传播的去极化效应较为严重；同时，XPD 的值随能见度的增加而增大。

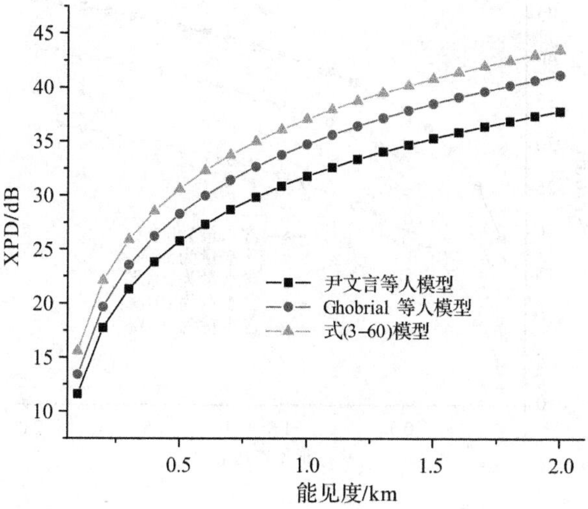

图 3-14　三种模型计算 XPD 的比较(10 GHz)

在频率 $f=37$ GHz 和 $f=24$ GHz，对应沙尘粒子的介电常数分别为 $\varepsilon_m^*=4.0-j1.3$、$5.1-j1.4$ 时，分析传播距离(L)对交叉去极化效应的影响，其计算结果如图 3-15 所示。从图中可以看出，XPD 随频率和距离的增加而减小，这与 Ghobrial、尹文言等人的研究结果一致。

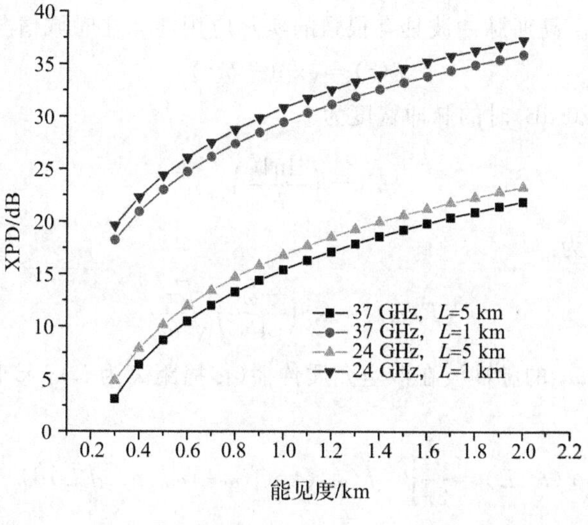

图 3-15　不同的频率和传播距离对 XPD 的影响

当电磁波频率为 24 GHz，传播距离为 1 km，沙尘粒子含水量分别为 0.3%、5.0%、10.0%、20.0%、30.0%时，分析沙尘粒子含水量对去极化效应的影响，其计算结果如图 3-16所示。从图中可以看出，沙尘粒子含水量对微波传播有重要的影响，沙尘粒子含水量越大，XPD 越小。

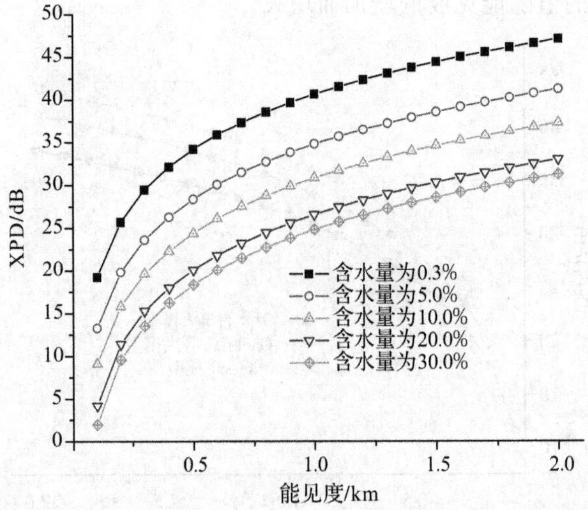

图 3-16　含水量对 XPD 的影响(频率为 24 GHz，传播距离为 1 km)

3.6　毫米波段脉冲波在沙尘媒质中的传输特性

3.6.1　脉冲波在媒质中的传输理论

对于短脉冲来说，高斯脉冲波具有很强的实际应用性。在时域情况下，其表示形式为

$$f(t)=\exp(-bt^2) \tag{3-75}$$

定义脉冲波在 10%(20 dB)时的脉冲宽度为

$$T_0=\left(\frac{4\ln 10}{b}\right)^{\frac{1}{2}} \tag{3-76}$$

高斯脉冲波的谱函数为

$$F(\omega)=\exp\left(\frac{-\omega^2}{4b}\right)\sqrt{\frac{\pi}{b}} \tag{3-77}$$

现在，一载频为 ω_0 的脉冲波在沙尘介质传播(传播距离为 L)，接收到的脉冲波信号在时域中的表达式为

$$r(t,\ L)=\frac{1}{2\pi}\int_{-\infty}^{\infty}f(\omega)\exp(\mathrm{j}(\omega+\omega_0)t-\Gamma L)\mathrm{d}\omega \tag{3-78}$$

沙尘介质中的复传播常数近似为

$$\Gamma(\omega)=\alpha(\omega)+\mathrm{j}\beta(\omega)=\frac{\lambda^2}{2\pi}\int_{-\alpha}^{\alpha}S(0,\ D)N(D)\mathrm{d}D \tag{3-79}$$

式中，$\alpha(\omega)$为衰减率系数；$\beta(\omega)$为相移率系数；$S(0,\ D)$为沙尘粒子的前向散射振幅函数；$N(D)$为沙尘粒子的分布。

为了求解式(3-78)，就要先将 $\alpha(\omega)$、$\beta(\omega)$在载频 ω_0 附近展开，仅保留其中的前三项，同时忽略高阶项，则

$$\alpha(\omega)=\alpha(\omega_0)+\alpha'(\omega-\omega_0)+\left\{\frac{\alpha''(\omega_0)}{2}\right\}(\omega-\omega_0)^2$$

$$\beta(\omega)=\beta(\omega_0)+\beta'(\omega-\omega_0)+\left\{\frac{\beta''(\omega_0)}{2}\right\}(\omega-\omega_0)^2 \tag{3-80}$$

在满足条件 $1+2b\alpha''L>0$ 时，Terina 得出了式(3-78)的解，其表达式为

$$r(t^*, L)=A(L)\exp(-kb\,(t^*+\xi)^2)\exp(-\mathrm{j}(\omega^* t^*+\delta)) \tag{3-81}$$

式中，t^* 为时延时标，$t^*=t-\beta' L$ 。

载波的新相位为

$$\delta=(\omega\beta'-\beta)L-\frac{2b^2\beta''L\,(\alpha'L)^2}{(1+2b\alpha''L)^2+(2b\beta''L)^2}-\frac{1}{2}\arctan\left(\frac{2b\beta''L}{1+2b\alpha''L}\right) \tag{3-82}$$

振幅为

$$A(L)=\alpha L\,((1+2b\alpha'')^2+(2b\beta''L)^2)^{-\frac{1}{4}}\exp\left(\frac{b\,(\alpha'L)^2}{1+2b\alpha''L}\right) \tag{3-83}$$

附加滞后时间为

$$\zeta=\frac{2b\alpha'\beta''L}{1+2b\alpha''L} \tag{3-84}$$

在载频 ω^* 处，接收功率最大，其满足关系 $\omega^*=\omega_0+\Delta\omega+\chi t^*$

$$\chi=\frac{2b^2\beta''L}{(1+2b\alpha''L)^2+(2b\beta''L)^2} \tag{3-85}$$

很显然，接收脉冲波包络 $\exp(-kb\,(t^*+\xi)^2)$ 仍然是高斯型，但是该脉冲波宽度(简称脉冲宽度)的变化即脉冲畸变以因子$\sqrt{k}$描述，其中

$$k=\frac{1+2b\alpha''L}{(1+2b\alpha''L)^2+(2b\beta''L)^2} \tag{3-86}$$

接收脉冲波在满足条件 $1+2b\alpha''L>0$ 时，其脉冲宽度为

$$T=\frac{T_0}{\sqrt{k}} \tag{3-87}$$

如果接收脉冲波不满足条件 $1+2b\alpha''L>0$，那么接收脉冲波不再保持高斯型，可以利用式(3-78)数值计算得到其波形。

为了获得介质中的传播常数，前向散射振幅函数可以利用 Mie 理论来计算求得。

3.6.2　脉冲畸变的数值计算

脉冲畸变(Distortion)即脉冲波宽度变化的百分数。为研究脉冲波在沙尘媒质中的传输特性，选择频率从 1～100 GHz，数值计算沙尘媒质中的脉冲畸变。影响脉冲波变化的参量有三个：脉冲宽度 b、沙尘暴能见度 V_b 和传播距离 L。

在能见度为 $V_b=0.3$ km，脉冲宽度为 $T_0=0.5$ ns，传播距离分别为 $L=1$ km、3 km、5 km 时，脉冲畸变与频率的关系如图 3-17 所示。从图中可以看出，随着传播距离的增大，脉冲畸变越大。

在相同的能见度和传播距离下，脉冲畸变与频率、脉冲宽度的关系如图 3-18 所示。图中，能见度为 $V_b=0.3$ km，传播距离为 $L=1$ km，脉冲宽度分别为 $T_0=0.5$ ns、1.5 ns、

2.0 ns，当频率从1到100 GHz之间变化时，脉冲宽度变小，脉冲畸变则变大。

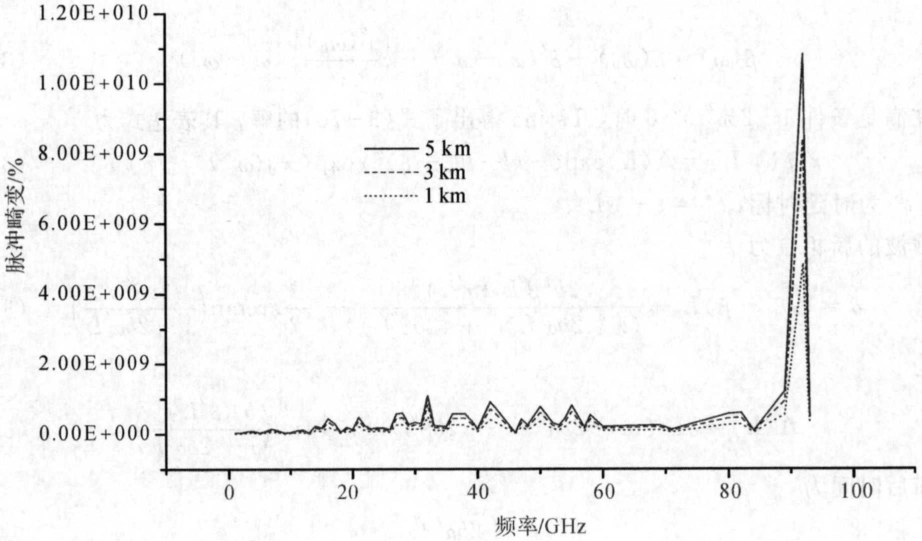

图 3-17 脉冲畸变与频率的关系(传播距离为1 km、3 km、5 km)

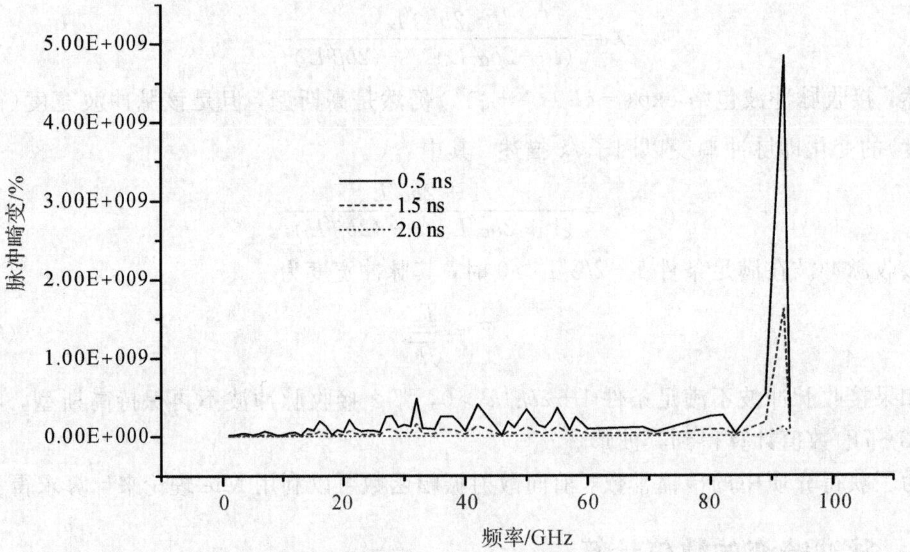

图 3-18 脉冲畸变与频率的关系(脉冲宽度为0.5 ns、1.5 ns、2.0 ns)

3.7 沙尘媒质中的雷达后向散射特性

基于Rayleigh散射近似条件，Goldhirsh研究了S和L波段沙尘的后向散射和雷达回波特性，Sharif研究了X波段尘暴的雷达回波和后向散射特性。可是，在以上S、L、X波段的研究中，为获得回波功率的上限值，Goldhirsh和Sharif忽略了沙尘衰减的影响。基于沙尘粒子的对数正态分布模型，尹文言研究了毫米波雷达的后向散射特性，该研究表明，沙尘粒子尺寸分布、电磁波频率和沙尘浓度对雷达后向散射有重要的影响。目前的研究表明，沙尘粒子的尺寸分布主要有均匀分布、指数分布、瑞利分布和对数正态分布。沙尘粒子的尺寸分布对毫米波雷达的后向散射特性有重要的影响。

本节研究毫米波段沙尘媒质的雷达后向散射特性。与 S、L、X 波段相比，毫米波段沙尘的衰减必须考虑，为此先推导出沙尘媒质雷达信号衰减公式和反射率因子解析式；然后建立适用于各种尺寸分布的回波功率和等效目标散射截面模型，分析沙尘能见度、雷达作用距离等因素对雷达后向散射特性的影响。

3.7.1　雷达接收功率

当雷达脉冲体积单元内充满均匀散布的随机粒子如降雨、沙尘时，毫米波雷达接收到的回波功率可用分布散射体的雷达方程来表示，即

$$P_{\mathrm{r}}=\frac{c}{1024\cdot\pi^{2}\ln 2}\left(P_{\mathrm{t}}\tau\lambda^{2}G^{2}(\Delta\theta_{\mathrm{e}})\cdot(\Delta\theta_{\mathrm{h}})\cdot\frac{\eta}{R^{2}}\right)\exp\left(-0.461\int_{0}^{L}(k_{\mathrm{d}}+k_{\mathrm{g}})\mathrm{d}L\right)\tag{3-88}$$

式中，c 为光速(单位为 $\mathrm{m\cdot s^{-1}}$)；P_{t} 为雷达发射功率(单位为 W)；τ 为脉冲宽度(单位为 s)，λ 为波长(单位为 m)，G 为天线的增益；$\Delta\theta_{\mathrm{e}}$、$\Delta\theta_{\mathrm{h}}$ 为垂直及水平方向波束密度(单位为 rad)，η 为反射率(单位为 $\mathrm{m^{-1}}$)；R 为雷达作用距离(单位为 m)；k_{d}、k_{g} 为粒子及空气的衰减率(单位为 $\mathrm{dB\cdot m^{-1}}$)；L 为粒子到发射雷达的距离。

3.7.2　沙尘对雷达信号的影响

雷达信号在沙尘粒子中传输时，可仅考虑沙尘粒子的影响。对于沙尘粒子的散射效应，可以通过 Rayleigh 散射近似、Mie 散射理或其他数值方法计算。由于毫米波段沙尘粒子的尺寸相对较小，满足 $kr\ll 1$，因此可采用 Rayleigh 散射近似。基于 Rayleigh 散射近似，Ahmed 推导出了沙尘媒质的衰减公式为

$$\alpha=1.029\times 10^{6}\left(\frac{N_{0}}{\lambda}\right)G\int_{0}^{\infty}P(r)r^{3}\mathrm{d}r\quad(\mathrm{dB\cdot km^{-1}})\tag{3-89}$$

式中，λ 为波长(单位为 m)；$G=\varepsilon''/((\varepsilon'+2)^{2}+\varepsilon''^{2})$，沙尘粒子介电常数为 $\varepsilon_{\mathrm{m}}^{*}=\varepsilon'-\mathrm{j}\varepsilon''$，$\varepsilon'$ 和 ε'' 分别为沙尘粒子介电常数的实部和虚部；$P(r)$为沙尘粒子的尺寸分布函数；N_0 为单位体积中沙尘的粒子数。

由式(3-42)和式(3-43)推导出空间单位体积中尘土颗粒的含量 M 为

$$M=\frac{4}{3}\pi\rho N_{0}\int_{0}^{\infty}P(r)r^{3}\mathrm{d}r\tag{3-90}$$

单位体积中沙尘的粒子数为

$$N_{0}=2.25\times 10^{-9}\,\frac{1}{V_{\mathrm{b}}^{1.07}}\int_{0}^{\infty}P(r)r^{3}\mathrm{d}r\tag{3-91}$$

因此，沙尘媒质中雷达信号的衰减系数为

$$\alpha=2.3152\times 10^{-3}\,\frac{1}{V_{\mathrm{b}}^{\gamma}}\cdot\frac{G}{\lambda}\quad(\mathrm{dB\cdot km^{-1}})\tag{3-92}$$

式中，λ 为波长(单位为 m)，V_{b} 为能见度(单位为 km)。

3.7.3 雷达的反射率因子

在 Rayleigh 散射近似条件下，分布散射体的反射率为

$$\eta=\frac{\pi^5}{\lambda^4}\cdot|K_0|^2\cdot Z\quad(\mathrm{m}^{-1})\tag{3-93}$$

式中
$$|K_0|^2=\frac{(\varepsilon'-1)+\varepsilon''^2}{(\varepsilon'+2)+\varepsilon''^2}$$

雷达反射率因子 Z 为

$$Z=\int_{D_{\min}}^{D_{\max}}N(D)D^6\mathrm{d}D=N_0\int_{D_{\min}}^{D_{\max}}P(D)D^6\mathrm{d}D\quad(\mathrm{m}^3)\tag{3-94}$$

式中，$N(D)\mathrm{d}D$ 为粒径 $D\sim D+\mathrm{d}D$ 范围内单位体积中的沙尘粒子数；$D_{\max}$、$D_{\min}$ 分别为粒径的最大值和最小值。

于是，推导出雷达反射率因子为

$$Z=\frac{2.25\times10^{-9}\times2^6}{V_{\mathrm{b}}^{1.07}}\cdot\frac{I_6}{I_3}\tag{3-95}$$

式中，$I_n=\int_0^{\infty}r^n p(r)\mathrm{d}r$，$(n=1, 2, \cdots)$。

从式(3-95)可以看出，除沙尘能见度外，$\frac{I_6}{I_3}$的值与雷达反射率因子成正比关系。$\frac{I_6}{I_3}$的值依赖于沙尘粒子的尺寸分布，表 3-1 给出了沙尘粒子不同类型尺寸分布下的$\frac{I_6}{I_3}$值。

表 3-1 不同尺寸分布下的$\frac{I_6}{I_3}$值

尺寸分布类型	分布函数	$\frac{I_6}{I_3}$
均匀分布	$p(r)=\frac{1}{2a}$	$\frac{32}{7}a^3$
指数分布	$p(r)=\frac{1}{a}\exp\left(-\frac{r}{a}\right)$	$120a^2$
瑞利分布	$p(r)=\frac{r}{m^2}\exp\left(-\frac{r^2}{2m^2}\right)$	$\frac{64}{\pi^2}a^3$
对数正态分布	$p(r)=\frac{1}{\sqrt{2\pi}sr}\exp\left(-\frac{(\ln r-m)^2}{2s^2}\right)$	$a^3\ (1+\delta^2)^{12}$，$\left(\delta=\frac{\sigma}{a},\ \sigma=a\ (\exp(s^2)-1)^{1/2}\right)$

3.7.4 雷达回波功率和等效目标散射截面

不考虑大气的影响，雷达接收功率为

$$P_{\mathrm{r}}=C_1\frac{|K_0|^2}{R^2V_{\mathrm{b}}^{1.07}}\cdot\frac{I_6}{I_3}\times10^{-0.2\int_0^R\alpha_d\mathrm{d}R}\tag{3-96}$$

式中，$C_1 = 3.773 \times (P_t \tau \lambda^{-2} G^2 (\Delta\theta_e) \cdot (\Delta\theta_h))$。

点目标远场区的后向散射功率为

$$P_r = \frac{P_t G^2 \lambda^2}{(4\pi)^3 R^4} \sigma_e \tag{3-97}$$

式中，σ_e 为沙尘的等效目标散射截面。由式(3-96)和式(3-97)可得

$$\sigma_e = C_2 \frac{R^2}{V_b^{1.07}} |K_0|^2 \cdot \frac{I_6}{I_3} \times 10^{-0.2\int_0^R \alpha_d dR} \tag{3-98}$$

式中，$C_2 = 7.49 \times 10^3 (\tau \theta_e \theta_h \lambda^{-4})$。

因此，回波功率和等效目标散射截面分别为

$$P_r = 10 \log_{10} C_1 - 20 \log_{10} R - 10 \log_{10} V_b^{1.07} + 10 \log_{10} \left(\frac{I_6}{I_3}\right) - 2.0\alpha_d R \ (\text{dBm}) \tag{3-99}$$

$$\sigma_e = 10 \log_{10} C_2 + 20 \log_{10} R - 10 \log_{10} V_b^{1.07} + 10 \log_{10} \left(\frac{I_6}{I_3}\right) - 2.0\alpha_d R \ (\text{dB}) \tag{3-100}$$

3.7.5 计算结果和分析

以 35 GHz 雷达为例，计算并讨论沙尘媒质对雷达后向散射特性的影响。图 3-19 所示为不同的沙尘粒子尺寸下，等效目标散射截面与雷达作用距离之间的变化关系。从图中可以看出，在雷达作用距离小于 35 km 时，等效目标散射截面随雷达作用距离的增大而增大；之后随着雷达作用距离的增大，等效目标散射截面变化平缓，这是因为沙尘媒质的微波衰减较为明显。图 3-20 所示为回波功率与雷达作用距离之间的变化关系。从图中可以看出，雷达作用距离增大，雷达回波功率减小。在四种粒子尺寸分布(即均匀分布、指数分

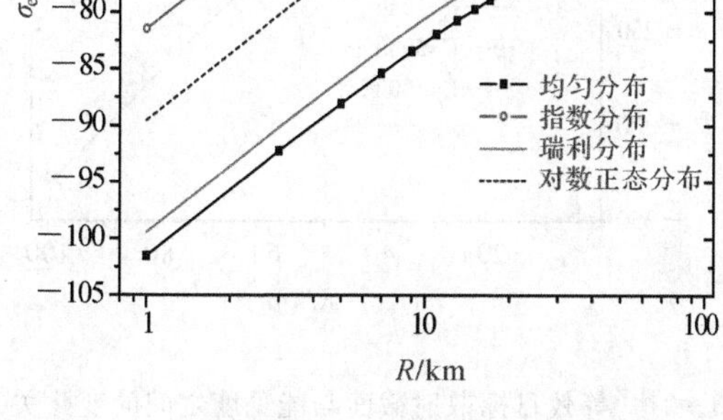

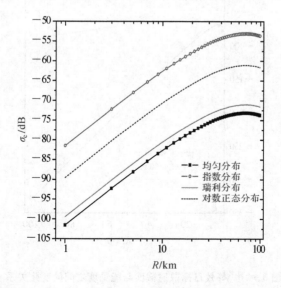

图 3-19　等效目标散射截面与雷达作用距离之间的变化关系

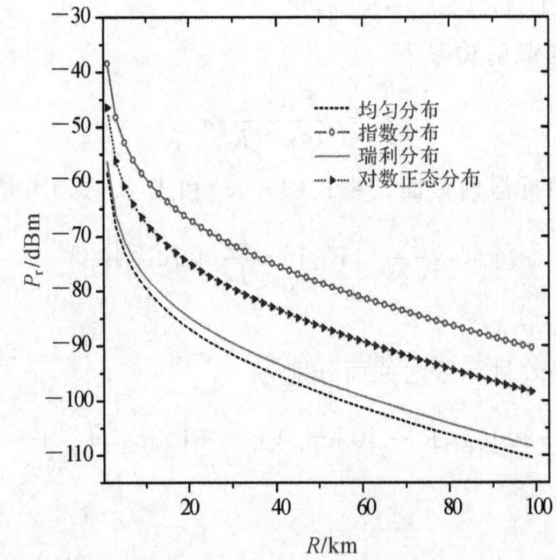

图 3-20　回波功率与雷达作用距离之间的变化关系

布、瑞利分布、对数正态分布）中，指数分布的沙尘粒子对雷达后向散射特性有明显的影响，对应最大的等效目标散射截面和回波功率；对数正态分布的沙尘粒子对雷达后向散射特性有较大的影响；而均匀分布的沙尘粒子产生的影响最小。

图 3-21 和图 3-22 所示分别为等效目标散射截面和回波功率随沙尘能见度变化的关系。从图中可以看出，在能见度较低时，等效目标散射截面和回波功率随雷达作用距离的增大而迅速减小；在能见度较大时，等效目标散射截面和回波功率随雷达作用距离的增大而缓慢减小。这一结论和尹文言等人给出的研究结果一致。

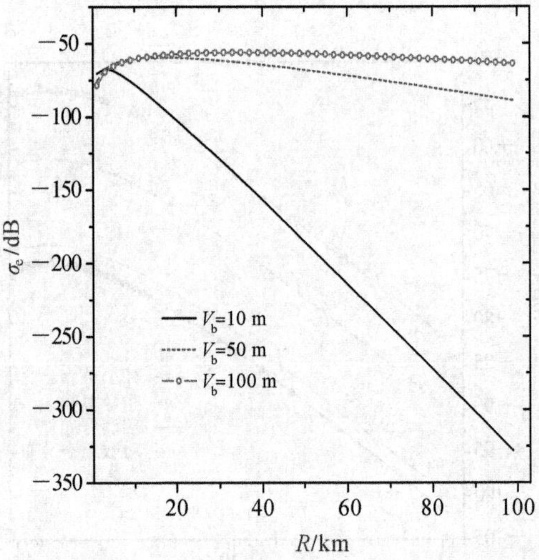

图 3-21　等效目标散射截面与能见度之间的变化关系

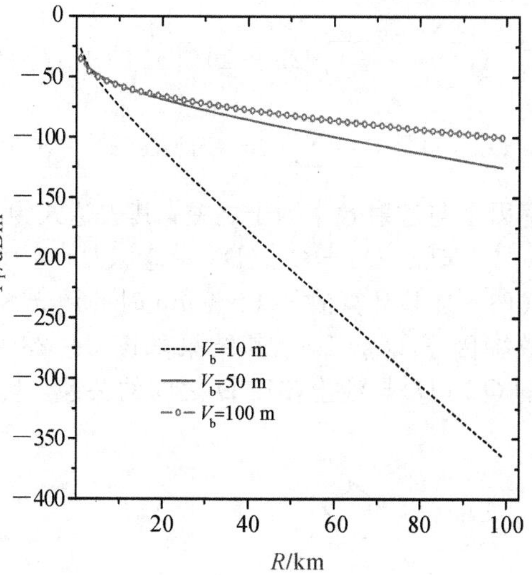

图 3-22　回波功率与能见度之间的变化关系

3.8　沙尘的红外传输衰减

3.8.1　沙尘粒子的红外散射、吸收和消光特性

目前，红外辐射在大气中的衰减受到了人们的重视，在晴朗的天气已经能够利用气象参数比较科学地预计红外辐射的大气传输特性，国内外学者对降雨红外辐射的衰减，以及雾的红外衰减特性进行了研究。近年来，沙尘暴的肆虐，沙尘天气对各种红外探测仪的工作性能和工作环境产生严重的影响。这是由于沙尘粒子作为地气系统的重要组成成分之一，红外波段内对辐射传输产生影响，通过对电磁波的散射和吸收作用，导致其能量衰减，这对激光传输特性和卫星遥感技术等也产生重要的影响。在国内，吴振森等人对激光在沙尘暴中的衰减特性进行了研究；李曙光等人对底层大气的红外辐射特性进行了研究，这些研究需要利用 Mie 散射理论分析沙尘的红外传输特性。

Mie 散射理论是适用于球形粒子散射的经典理论，空气中的沙尘粒子可以近似地以球形粒子处理(实际测量表明，沙尘粒子中有 50%左右是球形粒子，可采用等容球方法处理，仍然可借用 Mie 散射理论进行计算)，沙尘粒子对红外辐射的吸收和衰减，可以用吸收效率因子 Q_{abs}和消光效率因子 Q_{ext}来表示。

假设球形粒子的直径为 D，入射光波长为 λ，粒子的复折射率为 m，单粒子的散射截面 $\sigma_s(D)$可以表示为

$$\sigma_{s,j}(D)=\frac{\pi}{k^2}\sum_{n=1}^{\infty}(2n+1)(|a_n|^2+|b_n|^2) \tag{3-101}$$

式中，a_n 和 b_n 为 Mie 散射系数。

散射截面与相应的粒子几何尺寸之比为无量纲的散射效率因子 $Q_{sca}(D)$；类似地，可

以得到消光效率因子 $Q_{\text{ext}}(D)$，分别为

$$Q_{\text{sca}}(D)=\frac{2}{x^2}\sum_{n=1}^{\infty}(2n+1)(|a_n|^2+|b_n|^2) \tag{3-102}$$

$$Q_{\text{ext}}(D)=\frac{2}{x^2}\sum_{n=1}^{\infty}(2n+1)\text{Re}(a_n+b_n) \tag{3-103}$$

吸收效率因子为消光效率因子与散射效率因子之差，其表达式为

$$Q_{\text{abs}}(D)=Q_{\text{ext}}(D)-Q_{\text{sca}}(D) \tag{3-104}$$

利用式(3-102)～式(3-104)计算波长 $\lambda=4\ \mu\text{m}$ 时的消光效率因子 $Q_{\text{ext}}(D)$、吸收效率因子 $Q_{\text{abs}}(D)$和散射效率因子 $Q_{\text{sca}}(D)$，其结果如图 3-23 所示；分别计算波长 $\lambda=4\ \mu\text{m}$、$9\ \mu\text{m}$、$11\ \mu\text{m}$ 时的 $Q_{\text{ext}}(D)$与沙尘粒径 D 之间的关系，其结果如图 3-24 所示。

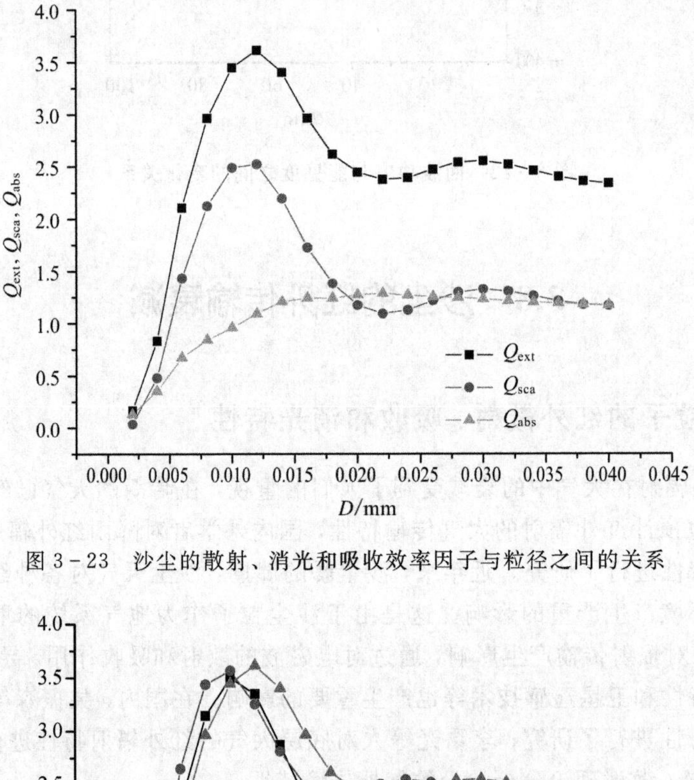

图 3-23　沙尘的散射、消光和吸收效率因子与粒径之间的关系

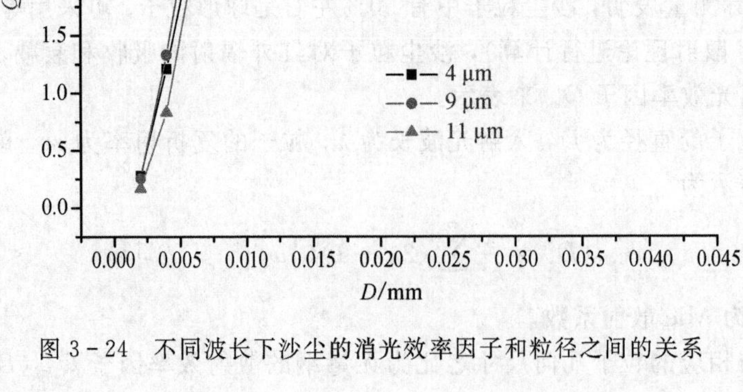

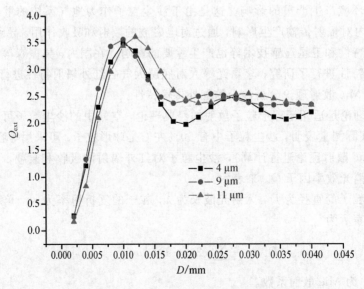

图 3-24　不同波长下沙尘的消光效率因子和粒径之间的关系

图 3-24 表明，随着粒径的增大，散射和消光效率因子会增大，在增大到一个峰值后，开始下降并有小的波动，消光效率因子随粒径的增大而趋向于 2。另外，随着波长的增大，粒子消光效率因子的峰值向粒径增大的方向移动。

3.8.2　沙尘红外衰减特性

为了研究沙尘的红外传输衰减，需要已知沙尘粒子的复折射指数。在红外波段，沙尘粒子的复折射指数如表 3-2 所示，表 3-2 列出了 1～15 μm 部分波长的沙尘粒子的复折射指数。

表 3-2　1～15 μm 部分波长的沙尘粒子的复折射指数

波长/μm	$n = n_r - \mathrm{j}n_i$
1	1.52－j0.008
1.3	1.46－j0.008
1.8	1.33－j0.008
2	1.26－j0.008
3	1.16－j0.012
3.2	1.22－j0.012
3.5	1.28－j0.011
4	1.26－j0.012
5	1.26－j0.016
6	1.15－j0.037
7.2	1.4－j0.055
8.2	1.130－j0.074
9	1.7－j0.14
10	1.75－j0.16
11	1.62－j0.105
12	1.62－j0.105
13	1.62－j0.105
14	1.62－j0.105
15	1.57－j0.1

对于有一定尺寸分布的大气粒子，在单位距离上所引起的信号衰减，即特征衰减 A（单位为 $\mathrm{dB \cdot km^{-1}}$）为

$$A = 4343 \times 10^3 \int_0^\infty \sigma_{\mathrm{ext}}(D) N_0 p(D) \mathrm{d}D \tag{3-105}$$

式中，$p(D)$为粒子尺寸分布概率密度函数；N_0 为粒子数密度。通常，N_0 是一个很难测定的物理量，一般研究电磁波在沙尘暴中传播时，通常借助于能见度 V_b 来描述沙尘的浓度，可以得到单位体积中沙尘粒子个数，其表达式参见式(3-14)。

由式(3－50)和粒子几何截面的关系计算 $\sigma_{ext}(D)$，将式(3－14)代入式(3－105)，可得电磁波在沙尘中的衰减为

$$A=\frac{15\int_0^{\infty}\sigma_{ext}(D)p(D)\mathrm{d}D}{2\pi V_b\int_0^{\infty}D^2p(D)\mathrm{d}D} \tag{3-106}$$

式中，A(单位为 $\mathrm{dB\cdot km^{-1}}$)是沙尘衰减系数；$\sigma_{ext}(D)$(单位为 $\mathrm{mm^2}$)是直径为 D 的球形沙尘粒子的总衰减截面；$N(D)$是单位体积(每立方米)沙尘粒子直径在 $D\sim D+\mathrm{d}D$(单位为mm)的间隔内的粒子数目。

在沙尘衰减系数 A(单位为 $\mathrm{dB\cdot km^{-1}}$)的计算中，对于沙尘粒子分布谱 $N(D)$，以前的研究者应用了对数正态分布和指数分布等，其表达式已在第 2 章中给出，分别为式(2－8)和式(2－9)。

在波长为 11 μm 的条件下，数值仿真了对数正态分布和指数分布下的红外衰减，不同尺寸分布下沙尘的衰减与能见度的关系如图 3－25 所示。对于三种不同类型沙尘天气：沙尘暴(Sand/Dust Storm)、扬沙(Vehicular Sand)和浮尘(Natural Sand)引起的信号衰减进行了预测，对数正态分布下沙尘的衰减与能见度的关系如图 3－26 所示。

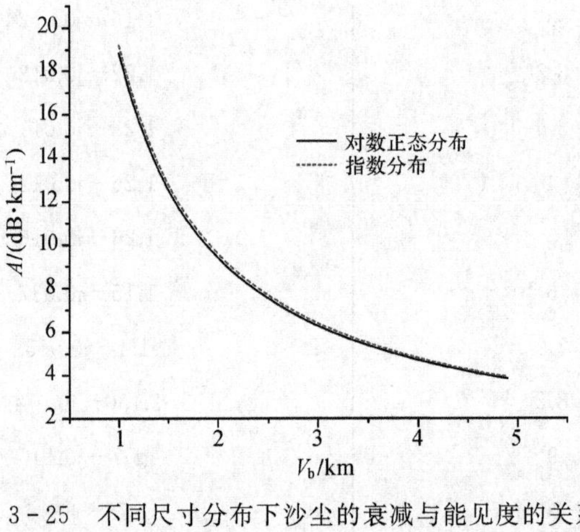

图 3－25　不同尺寸分布下沙尘的衰减与能见度的关系

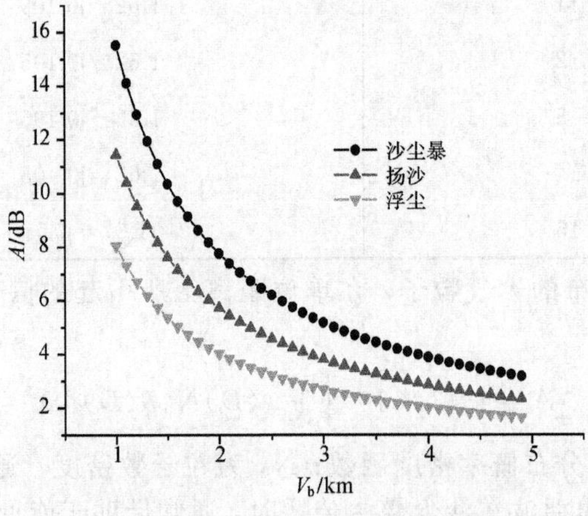

图 3－26　对数正态分布下沙尘的衰减与能见度的关系

从图 3-25 可以看出，两者衰减预测结果比较接近，在相同的能见度下，指数分布下的衰减要比对数正态分布下的衰减大，而且随着能见度的增大，衰减将减小。

图 3-26 所示预测结果表明：当波长为 11 μm 时，沙尘暴天气中的衰减比扬沙和浮尘引起的信号衰减要大，其中沙尘暴引起的衰减最大，浮尘引起的衰减最小。不同的沙尘天气下，衰减差异产生的原因，一方面是沙尘暴天气中粒子的浓度显著增大；另一方面是沙尘暴天气中粒径较大的沙粒所占的比例明显增大，粒子对红外信号的散射和吸收增强。

本章小结

本章首先基于介质球的散射理论，在 Rayleigh 近似条件下，给出地空路径上毫米波通过沙尘媒质的衰减和相移与粒子尺寸分布的函数关系；仿真计算了均匀分布、指数分布、瑞利分布和对数正态分布下电磁波的衰减和相移，结果表明，沙尘的尺寸分布对电磁波衰减和相移的影响不可忽略。指数分布和对数正态分布对电磁波的传输特性影响最大，瑞利分布和正态分布的预测结果比较接近且产生的影响最小。

研究沙尘暴中微波传播的衰减和交叉去极化效应问题。推导出沙尘媒质中微波衰减和相移的一般模型，该模型简单，适用于不同的频率。本书模型预测衰减的结果与 Goldhirsh 模型、Ahmed 模型和 Alhaider 模型预测进行了比较，结果表明，所提出的模型计算结果与 Goldhirsh 模型的预测结果相当吻合，Ahmed 模型预测的结果较大。

对于水平极化波和垂直极化波，本书模型的衰减结果与尹文言等人模型、Ghobrial 等人模型的比较发现，本书模型的衰减和 Ghobrial 等人模型的一致，而尹文言等人模型的衰减较大。与尹文言等人模型、Ghobriel 等人模型预测 XPD 的对比发现，XPD 的值随能见度的增加而增大，当能见度小于 0.5 km 时，XPD 的值随能见度的增加明显增大；本书模型的 XPD 值比 Ghobrial 等人模型的大。同时也表明，XPD 值的变化依赖于沙尘媒质的能见度和沙尘粒子的含水量、电磁波频率及传播距离。

将傅里叶时域积分近似解的方法，应用于毫米脉冲波在沙尘媒质中的传输效应研究，数值计算并分析传播距离、脉冲宽度对脉冲畸变的影响，其结果表明，脉冲畸变随脉冲宽度和传播距离的增大而增大。

研究沙尘媒质的雷达后向散射特性，推导出沙尘媒质雷达信号衰减公式和反射率因子解析式，建立适用于各种尺寸分布的回波功率和等效目标散射截面模型。以 35 GHz 雷达为例，计算和分析了沙尘媒质对雷达后向散射特性的影响。其结果表明，在雷达作用距离小于 35 km 时，等效目标散射截面随雷达作用距离的增大而增大；雷达作用距离增大，雷达回波功率减小。在四种粒子尺寸分布(即均匀分布、指数分布、瑞利分布和对数正态分布)中，指数分布的沙尘粒子对雷达后向散射特性有明显的影响，对应最大的等效目标散射截面和回波功率；均匀分布沙尘粒子产生的影响最小。在能见度较低时，等效目标散射截面和回波功率随雷达作用距离的增大而迅速减小；在能见度较大时，等效目标散射截面和回波功率随雷达作用距离的增大而缓慢减小。

应用 Mie 理论研究沙尘的红外衰减特性，对指数分布和对数正态分布下沙尘的红外衰减特性进行预测。其结果表明，两者衰减预测结果比较接近，在相同的能见度下，指数分布下的衰减要比对数正态分布下的衰减大，而且随能见度的增大，衰减将减小。不同沙尘天气衰减的计算结果表明，当波长为 11 μm 时，沙尘暴天气时的衰减比扬沙和浮尘引起的信号衰减要大，其中沙尘暴引起的衰减最大，浮尘引起的衰减最小。不同的沙尘天气下，衰减差异产生的原因，一方面是沙尘暴天气中粒子的浓度显著增大；另一方面是沙尘暴天气粒径较大的沙粒所占的比例明显增大，粒子对红外信号的散射和吸收增强。

本章研究各种沙尘环境对于电磁信号的影响，对于开发和应用沙漠与干旱地区的目标探测、测距、遥感和通信等系统具有重要的理论价值，为进一步研究带电沙尘媒质中的电磁波传输特性奠定了基础。

第 4 章　带电沙尘对微波传播的影响

4.1　引　言

沙尘暴期间，沙尘在天线上的沉积，国外学者 Kumar 和 McEwan 等人初步测量了沙尘的沉积效应。堆积的沙尘可能严重削弱反射面天线的性能，使得天线增益严重下降，轴交叉极化电平变坏，方向图畸变，将对陆地微波、毫米波通信线路产生影响。沙尘粒子的散射效应，使得传播路径上的沙尘粒子会对信号传输造成衰减，从而影响雷达的探测距离；对于地空卫星通信及电视广播线路，当天线仰角较低时，对雷达的探测距离也会有明显的影响。另外，当沙尘粒子浓度随高度分布存在较大梯度时，由于其相移不同，因此会产生波束的散焦和射线的弯曲，这在地面电路中会产生多径干扰。

国外学者从 20 世纪初开始研究沙尘暴时，就已注意到沙尘暴的起电现象。Gill 发现，当沙尘暴天气过境时，地面有强电场，发生电火花现象。Greeley 等人逐渐关注沙尘暴电结构形成的原因，最早提出不对称摩擦起电概念：在吹沙过程中，不同尺寸的沙粒发生相对运动而碰撞摩擦，接触表面形成温度梯度，其中小粒子温度高，大粒子温度低，使得沙尘粒子带电。20 世纪 90 年代以来，Schmidt 等人进行了一些试验性研究，在风速为 12 $m \cdot s^{-1}$流沙的地面上，测量到地面最大电场达到 166 $kV \cdot m^{-1}$(高度为 1.7 cm)，荷质比为 60 $\mu C \cdot kg^{-1}$，并从理论模式上研究沙尘粒子所受到的静电场力，并研究了其对无线电通信传播的影响。国内学者如言穆宏、黄宁和屈建军等人也进行了沙尘带电的实验研究。黄宁等人通过实验得到：风沙流中的沙尘粒子是带有电荷的，且带电沙尘粒子与由此形成的风沙电场对沙粒的跃移运动有明显影响。对于表面局部带电的球形沙尘粒子，基于 Rayleigh 粒子散射场理论，得出了其散射振幅函数的解析表达式。

本章首先基于带电沙尘粒子的 Rayleigh 散射，针对沙尘粒子尺寸分布为指数分布和对数正态分布，推导出相应的衰减预报模型，系统地研究了带电沙尘粒子的尺寸分布对电磁波传播特性的影响，提出适用于不同尺寸分布的统一衰减特性模型；其次，研究带电沙尘媒质对通信线路的影响；最后基于带电沙粒的 Mie 散射理论，研究带电沙尘衰减与能见度的关系。为进一步研究带电球形粒子的散射奠定了理论基础。

4.2　单个带电球形粒子的 Rayleigh 散射

4.2.1　带电球形粒子模型

Rayleigh 散射近似是散射问题中一种最重要的散射，它所研究的对象是散射粒子的直径远小于波长的散射。在 Rayleigh 散射条件下，粒子内部场可以近似看做一个静电场。当散射球形粒子的半径远小于电磁波的波长时，可以不考虑散射粒子各体积元素的相位干涉，忽略粒子内部场的变化。

为简单起见，将沙尘粒子处理为球形粒子，对于球形粒子散射的严格电磁场理论是 Mie 理论(1908)，求解系数比较繁琐，但是求解复杂的 Mie 系数并非最好的解决方法，针对沙尘暴中的浮尘颗粒粒径远小于厘米波和毫米波波长的实际情况，可以采用 Rayleigh 近似法求解浮尘对电磁波的散射问题。针对较低频段，可以采用 Rayleigh 散射近似。在本章中，将沙尘粒子处理为介电常数为 ε、体积为 V 的散射球形粒子，如图 4-1 所示。

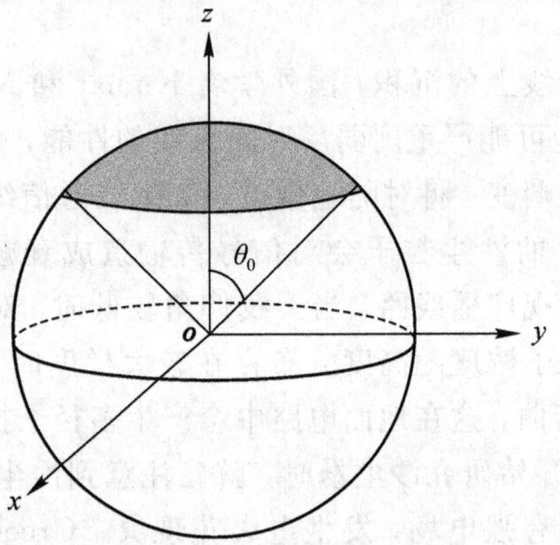

图 4-1　带电球形粒子表面电荷分布

在现有的关于风沙运动的研究中，沙尘粒子(简称沙粒)一般都处理为球形粒子。这样，可将沙粒处理为如图 4-1 所示的半径为 a、介电常数为 ε_m^* 和体积为 V_0 的带电小球。由于实际沙粒表面电荷分布可能为球冠形分布，故可假设沙粒所带电荷均匀分布在球心角为 $2\theta_0$ 所对应的球面区域。设面电荷密度是 θ 的分布函数，其分布形式如下：

$$F(\theta_0)=\sigma_0,\ (0\leqslant\theta_0\leqslant\pi) \tag{4-1}$$

4.2.2　带电球形粒子的散射振幅

下面考虑沿 z 轴入射的电磁波，在介电常数为 ε_0 的背景中入射在球形粒子上，电场偏振平面即为 xy 平面，若以 x 方向偏振的电场为例作为讨论对象(y 方向偏振电场处理类似)，则入射波为

$$\boldsymbol{E}_i=E_0\exp(\mathrm{j}kr\cos\theta)\hat{\boldsymbol{x}} \tag{4-2}$$

在用静电学方法求解球形粒子在沿 x 方向的入射波作用下的内场解时，为了标记的方便，令 x 方向的偏振电场为 z 方向，则与偏振轴 x 轴的夹角为 θ，在 Rayleigh 近似条件下进行讨论，可视球形粒子附近的入射场为均匀场，记为 $\boldsymbol{E}_0$，即

$$\boldsymbol{E}_i(r)=\boldsymbol{E}_0=E_0\hat{\boldsymbol{z}}=\hat{\boldsymbol{r}}E_0\cos\theta-\hat{\boldsymbol{\theta}}E_0\sin\theta \tag{4-3}$$

对于半径为 a 的沙粒，当不考虑沙粒带电时，依据上述方法近似，在该入射外场作用下引起的沙粒内、外电场电势应满足如下 Laplace 方程，即

$$\nabla^2\varphi_1(r,\theta,\varphi)=0,\ (r>a,\ 0\leqslant\theta\leqslant\pi,\ 0\leqslant\varphi\leqslant 2\pi) \tag{4-4}$$

$$\nabla^2 \varphi_2(r, \theta, \varphi) = 0, \ (r < a, \ 0 \leqslant \theta \leqslant \pi, \ 0 \leqslant \varphi \leqslant 2\pi) \tag{4-5}$$

对于半径为 a、带电量为 Q 的沙粒，边界条件为

$$\text{当 } r = a \text{ 时}, \ \varepsilon_s \frac{\partial \varphi_2}{\partial r} - \varepsilon_0 \frac{\partial \varphi_1}{\partial r} = \sigma f(\theta, \varphi) \tag{4-6}$$

$$\text{当 } r = 0 \text{ 时}, \ \varphi_2 \text{ 有限} \tag{4-7}$$

以及外加均匀电场条件

$$\text{当 } r \to \infty \text{时}, \ \boldsymbol{E}_0 = E_0 \hat{\boldsymbol{z}} \tag{4-8}$$

其中，φ_1、φ_2 分别为球外和球内的电场势函数，它们与电场的关系为 $\boldsymbol{E} = -\nabla\varphi$；$\nabla$和$\nabla^2$分别为球坐标系下的梯度算子和 Laplace 算子；σ 为沙粒表面的面电荷密度；$f(\theta, \varphi)$沙粒表面的电荷分布函数。由于沙粒半径一般在 5～50 μm 之间，根据局部碰撞或摩擦起电原理，可假设其上所带电荷分布在表面的局部区域，因此，为简单起见，可假设沙粒所带电荷在其表面局部区域是均匀分布的，且沿电场方向对称分布。在上述假设下，电荷分布函数可用 Heaviside 函数表示为

$$f(\theta, \varphi) = H(\theta_0 - \theta) H(\varphi_0 - \varphi), \ (0 \leqslant \theta \leqslant \pi, \ 0 \leqslant \varphi \leqslant 2\pi) \tag{4-9}$$

式中　$\theta_0 \in (0, \pi)$，　$\varphi_0 \in (0, 2\pi)$，　$H(x) = \begin{cases} 1, & x > 0 \\ 0, & x < 0 \end{cases}$

由于实际中的沙粒表面电荷最可能为球冠形分布，即 $0 \leqslant \theta \leqslant \theta_0$，$0 \leqslant \varphi \leqslant 2\pi$，因此

$$f(\theta, \varphi) = f(\theta) = H(\theta_0 - \theta), \ (0 \leqslant \theta \leqslant \pi) \tag{4-10}$$

在均匀电场 $\boldsymbol{E}_0 = E_0 \hat{\boldsymbol{z}}$ 作用下，设粒子球的外、内电势函数分别如下：

$$\varphi_1 = \sum_n \left(a_n r^n + \frac{b_n}{r^{n+1}}\right) P_n(\cos\theta) \tag{4-11}$$

$$\varphi_2 = \sum_n \left(c_n r^n + \frac{d_n}{r^{n+1}}\right) P_n(\cos\theta) \tag{4-12}$$

结合边界条件，可得沙粒的内电势函数为

$$\varphi_2 = \frac{2a^2 \rho q}{3\varepsilon_0 (1 - \cos\theta_0)} H(\theta_0 - \theta) - \frac{3\varepsilon_0}{\varepsilon_s + 2\varepsilon_0} E_0 \cos\theta \tag{4-13}$$

沙粒的内部电场为

$$\boldsymbol{E}_{\text{in}} = -\nabla\varphi_2 = \frac{3\varepsilon_0 E_0 \cos\theta}{\varepsilon_s + 2\varepsilon_0} \hat{\boldsymbol{r}} - \left(\frac{3\varepsilon_0 E_0 \sin\theta}{\varepsilon_s + 2\varepsilon_0} - \frac{2\rho q a^2 \delta(-\theta_0 + \theta)}{r\varepsilon_0 (1 - \cos\theta_0)}\right) \hat{\boldsymbol{\theta}} \tag{4-14}$$

散射场可用积分方程表示为

$$\boldsymbol{E}_s(\boldsymbol{r}) = \frac{\exp(\mathrm{j}kr)}{4\pi r} k^2 \int_{v_0} (\hat{\boldsymbol{\theta}}_s \hat{\boldsymbol{\theta}}_s + \hat{\boldsymbol{\varphi}}_s \hat{\boldsymbol{\varphi}}_s)(\varepsilon_m^*(\boldsymbol{r}') - 1) \boldsymbol{E}_{\text{in}}(\boldsymbol{r}') \exp(\mathrm{j}\boldsymbol{k}_s \cdot \boldsymbol{r}) \mathrm{d}V(\boldsymbol{r}') \tag{4-15}$$

式中，下标"s"表示与散射场有关的量；$\boldsymbol{r}'$为沙粒区域的矢径。

将沙粒的内部电场式(4-14)代入式(4-15)，可得沙粒的散射场为

$$\boldsymbol{E}_s(\boldsymbol{r}) = \frac{\exp(\mathrm{j}kr)}{4\pi r} k^2 a^3 \left(\frac{a\rho q(\varepsilon_m^* - 1)\sin^2\theta_0}{6\varepsilon_0(1 - \cos\theta_0)} - \frac{E_0(\varepsilon_m^* - 1)}{\varepsilon_m^* + 2}\right) \sin\theta_s \hat{\boldsymbol{\theta}}_s \tag{4-16}$$

散射场的模可表示为

$$E_s(r, \theta, \varphi) = \frac{\exp(\mathrm{j}kr)}{\mathrm{j}kr} S_1(\theta, \varphi) E_0 \tag{4-17}$$

式中，$S_1(\theta, \varphi)$为带电沙粒对入射电磁波的散射振幅函数。因为电磁波是沿 x 方向入射的，所以入射角 $\theta_i = \frac{\pi}{2}$。定义 $\theta_s = \theta_i$ 的方向为前向散射，则前向散射振幅函数为

$$S(0) = -ik^3\left(\frac{\varepsilon_m^* - 1}{\varepsilon_m^* + 2}\right)a^3 + ik^3 a^3 \frac{a\rho q(\varepsilon_m^* - 1)\sin^2\theta_0}{6\varepsilon_0 E_0(1 - \cos\theta_0)} \tag{4-18}$$

式中，a 为粒子半径(单位为 mm)，ρ 为沙粒的质量密度(单位为 $kg \cdot m^{-3}$)；q 为单位质量的沙粒所带的电荷数(单位为 $\mu C \cdot kg^{-1}$)；$\theta_0(\theta_0 \in (0, \pi])$为球形带电粒子电荷分布的球心角(单位为 rad)；E_0 为入射电磁波的电场强度；ε_m^* 为沙尘粒子的复介电常数。

4.3 水平路径上微波在带电沙尘中的传输特性

影响随机媒质中电磁波传播特性的一个重要参数是粒子的尺寸分布。基于 4.2 节带电粒子的 Rayleigh 散射，首先给定粒子尺寸分布为指数分布和对数正态分布，建立带电沙尘媒质中的衰减特性模型。由于沙尘尺寸分布的多样性，因此应用在给定粒子尺寸分布下的衰减特性模型呈现局限性。为解决该问题，本节进一步研究粒子尺寸分布对带电沙尘媒质中电磁波传播特性的影响，提出统一的衰减特性模型。

首先引入散射介质的等效复折射指数 n_e 为

$$n_e = 1 - i2\pi k_0^{-3}\int_0^{\infty} S(0)N(a)\,da \tag{4-19}$$

$$k_0 n_e = \alpha + j\beta' \tag{4-20}$$

由此可以得出散射介质的衰减与附加相移分别为

$$\alpha = k_0 \operatorname{Im}(n_e) \tag{4-21}$$

$$\beta = \beta' - \beta_0 = k_0 \operatorname{Re}(n_e) - k_0 \tag{4-22}$$

4.3.1 指数分布下沙尘的衰减

当沙尘粒子尺寸分布为指数分布时，$N(a) = N\beta\exp(-\beta a)$，其中 $\bar{a} = 1/\beta$ 。

利用沙尘浓度与能见度的关系：

$$N = \frac{15\beta^2}{4\pi V_b \times 8.686} \tag{4-23}$$

将式(4-18)、式(4-23)和 $N(a) = Np(a)$ 代入式(4-21)中，可得带电沙尘引起的电磁波的衰减 α(单位为 $dB \cdot m^{-1}$)为

$$\alpha = k_0\left(-\frac{45}{\beta V_b}\operatorname{Im}\left(\frac{\varepsilon_m^* - 1}{\varepsilon_m^* + 2}\right) + \frac{30}{\beta^2 V_b} \cdot \frac{\rho q \sin^2\theta_0}{\varepsilon_0 E_0(1 - \cos\theta_0)}\operatorname{Im}(\varepsilon_m^* - 1)\right) \tag{4-24}$$

式中，k_0 为自由空间传播常数(单位为 m^{-1})。

在式(4-24)中，当 $q = 0$ 时，有

$$\alpha = k_0\left(-\frac{45}{\beta V_b}\operatorname{Im}\left(\frac{\varepsilon_m^* - 1}{\varepsilon_m^* + 2}\right)\right) \tag{4-25}$$

这与 Rayleigh 近似条件下不带电的沙尘引起的微波信号衰减结果完全一样，该结果表明，已有的 Rayleigh 近似条件下沙尘引起的微波信号衰减是本节研究的特殊情况。

在不同的荷质比下，衰减与沙尘粒径的变化关系如图 4-2 所示。从图中可以看出，在粒径满足指数分布时，带电沙尘的衰减随粒径的增加而增大；若粒子的荷质比增大，则衰减增大。

为了分析带电沙尘引起的衰减，取 $f=14$ GHz，含水量为 10%时的介电常数为 $\varepsilon_m^*=5.5-j1.3$，$E_0=50\ \text{V}\cdot\text{m}^{-1}$，$q=-0.1\ \mu\text{C}\cdot\text{kg}^{-1}$，$\theta_0=2.0$ rad，沙尘衰减与能见度的关系如图 4-3 所示。计算结果表明，随着沙尘能见度的增大衰减减小；带电沙尘的衰减要比不带电沙尘的衰减大，指数分布的沙尘衰减要比等尺寸分布的大。

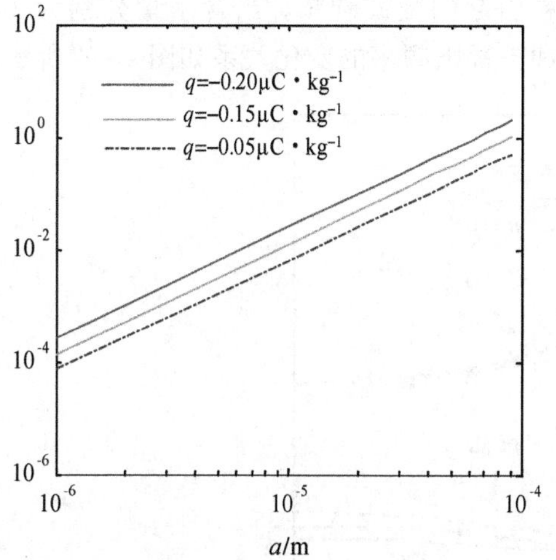

图 4-2　衰减与沙尘粒径的关系

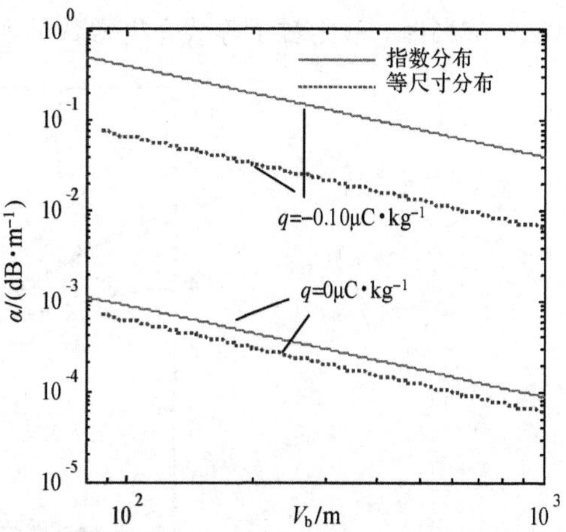

图 4-3　衰减与能见度的关系

4.3.2　对数正态分布下沙尘的衰减

通常用光学能见度 V_b 来描述沙尘暴的浓度，V_b 与可见光的衰减系数 α_0 成反比

$$V_b=\frac{15}{\alpha_0} \tag{4-26}$$

式中，α_0 为介质的光学衰减系数，$\alpha_0=8.868\times10^3 N\pi\int_0^\infty a^2 p(a)\mathrm{d}a$。

可以得到单位体积中沙尘粒子的个数 N 为

$$N=\frac{15}{8.868\times10^3\pi V_b\int_0^\infty a^2 p(a)\mathrm{d}a} \tag{4-27}$$

由粒子散射产生的衰减率 α(单位为 $\text{dB}\cdot\text{km}^{-1}$)为

$$\alpha=8.686\times10^3\,\frac{2\pi}{k_0^2}\int_0^\infty \mathrm{Re}(S(0))\,N(a)\,\mathrm{d}a \tag{4-28}$$

式中，$N(a)$为粒子尺寸分布密度，$N(a)=Np(a)$；a 为粒子半径(单位为 mm)。

由式(4-18)、式(4-28)得到电磁波在带电沙尘中的衰减表达式为

$$\alpha = 0.4228 \times 10^6 f N_0 \left(\frac{\varepsilon''}{(\varepsilon' + 2)^2 + \varepsilon''^2} \exp(3m + 4.5\sigma^2) + \varepsilon'' \frac{5\rho q \sin^2\theta_0}{\varepsilon_0 E_0 (1 - \cos\theta_0)} \exp(4m + 8\sigma^2) \right) \tag{4-29}$$

其中，f 为电磁波频率；m 和 σ 见式(2-8)。值得注意的是，当式(4-29)中取 $q=0$ 时，有

$$\alpha = 0.4228 \times 10^6 \frac{\varepsilon''}{(\varepsilon' + 2)^2 + \varepsilon''^2} f N_0 \exp(3m + 4.5\sigma^2) \tag{4-30}$$

这与 Rayleigh 近似条件下不带电的沙尘引起的微波信号衰减结果完全一样。该结果表明，已有的 Rayleigh 近似条件下沙尘引起的微波信号衰减是本节研究的特殊情况。

根据沙尘粒子等效介电常数模型式(2-25)和带电沙尘引起电波衰减率的计算式(4-29)，用数值计算对数正态分布下带电沙粒引起的微波衰减。当含水量分别为10%、20%、30%时，沙尘粒子等效介电常数的实部和虚部随频率的变化关系如图 4-4 所示。

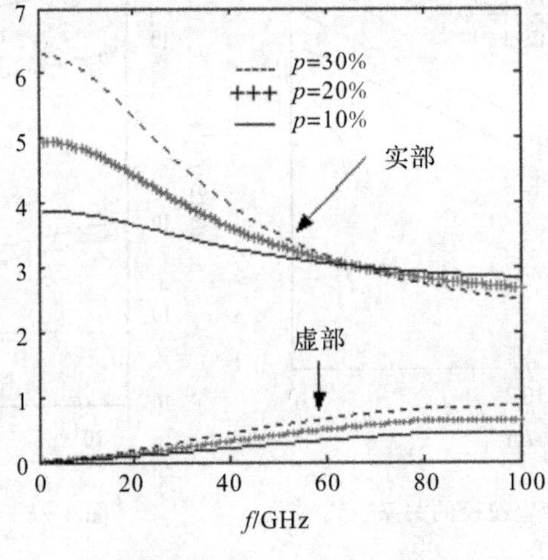

图 4-4 沙尘等效介电常数与频率的关系

图 4-5 所示为几种沙粒荷质比下的衰减(Attenuation)随电荷分布的球心角 θ_0 的变化

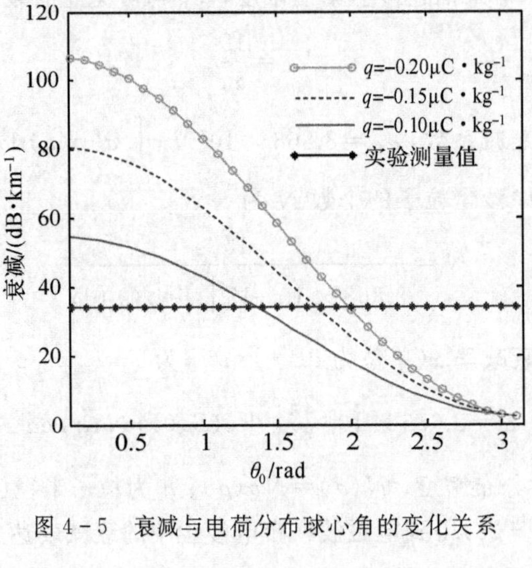

图 4-5 衰减与电荷分布球心角的变化关系

关系，图中平行于水平轴线的直线表示 Haddad 实验测量的不带电沙尘的衰减为 34 $dB \cdot km^{-1}$，与式(4-29)模型计算的衰减曲线相交，表明在一定的条件下，该模型预测值与实验测量值是一致的；在相同的荷质比下，随着 θ_0 的增大(电荷在沙粒表面分布区域增大)，微波衰减率变小，表明带电沙粒所带电荷越分散，对微波的衰减影响越小。

浮尘、爆炸沙尘、车场沙尘的衰减和频率的关系分别如图 4-6～图 4-8 所示，其中，$q=-0.1\ \mu C \cdot kg^{-1}$，$\theta_0=2$ rad，含水量分别为 10%、20%和 25%。计算结果表明，衰减随含水量的增加而增大；对于同一含水量，衰减随频率增加而增大，这是因为大气中湿度的增大，使沙尘粒子作为水气凝聚核吸附了大气中的水分，粒子的介电常数发生较大的变化，从而引起信号衰减增大。因此湿度较大的沙尘对微波信号有较强的衰减效应，尤其对于较高频率的微波信号影响很大。

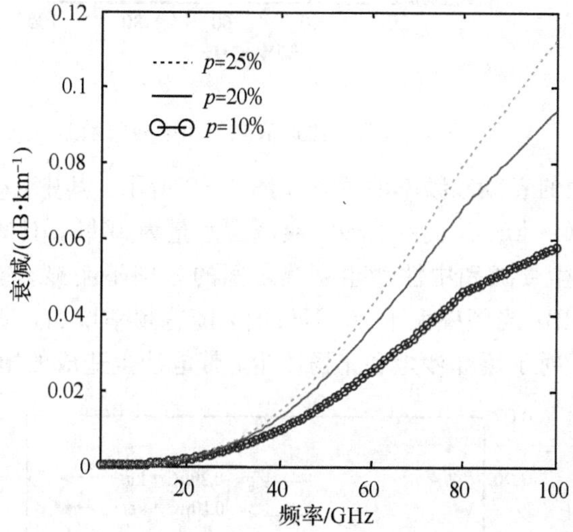

图 4-6　浮尘的衰减与频率的关系

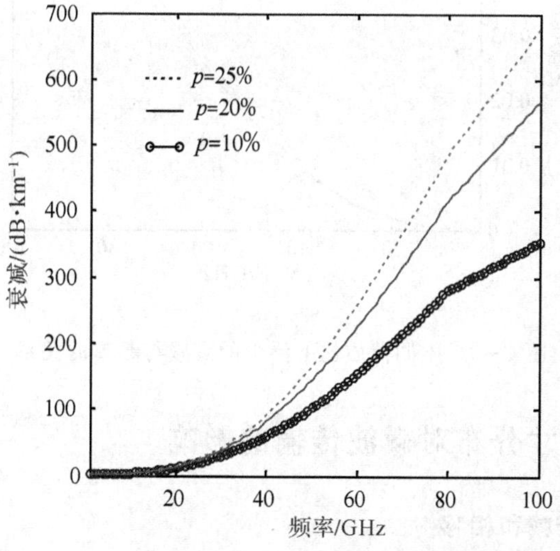

图 4-7　爆炸沙尘的衰减与频率的关系

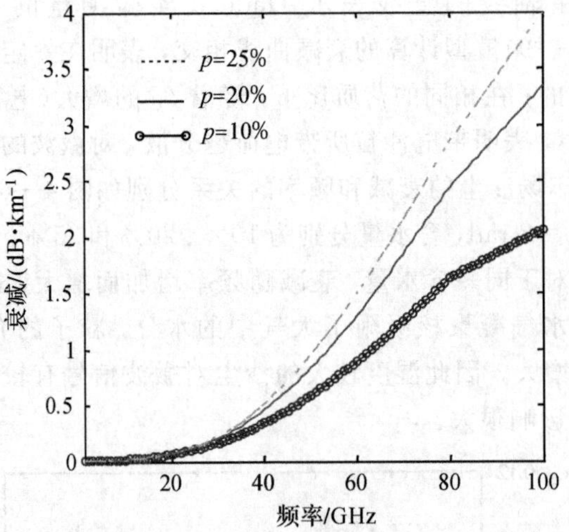

图 4-8 车扬沙尘的衰减与频率的关系

不同荷质比下浮尘的衰减和频率的关系如图 4-9 所示，其中，$q=-0.20\ \mu C \cdot kg^{-1}$、$-0.10\ \mu C \cdot kg^{-1}$、$0\ \mu C \cdot kg^{-1}$，$\theta_0=2$ rad，衰减含水量为 10%。计算结果表明，当频率小于 20 GHz 时，带电沙尘衰减和中性沙尘衰减之间的差别不明显，这是由于在较低频段，浮尘的衰减达到 10^{-4} dB；当频率大于 20 GHz 时，随着频率增加，带电沙尘引起的对微波信号的衰减影响增强。对于爆炸沙尘和车扬沙尘，带电沙尘造成的影响会更明显。

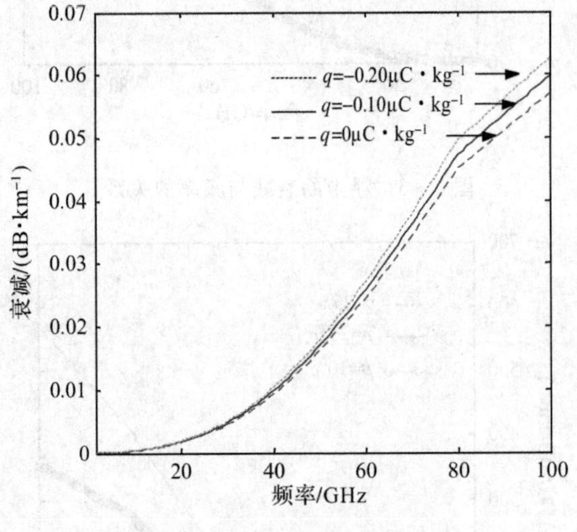

图 4-9 不同荷质比下浮尘的衰减与频率的关系

4.3.3 沙尘不同尺寸分布对微波传输的影响

1. 沙尘中的微波衰减和相移

根据 Chu 和 Ansri、Evans 等人提出的研究方法，对于水平和垂直极化波在媒质中的前向传播常数参见式(3-36)，即

$$K_{\mathrm{V,H}}(\alpha)=k_0+\frac{2\pi}{k_0}\int_0^{\infty}f_{\mathrm{V,H}}(\alpha,r)N(r)\mathrm{d}r \tag{4-31}$$

式中，$f_{\mathrm{V,H}}(\alpha, \boldsymbol{r})$为入射波以入射角 α 入射到椭球状沙尘粒子产生的散射场的前向散射振幅；$N(r)\mathrm{d}r$ 为粒径 $r\sim r+\mathrm{d}r$ 范围内单位体积中的粒子数；k_0(单位为 m^{-1})为自由空间的波数。

根据式(4-31)，得到衰减系数和相移系数的表达式分别为

$$A_{\mathrm{V,H}}=8.686\times10^3\,\mathrm{Im}(K_{\mathrm{V,H}}) \tag{4-32}$$

$$\varphi_{\mathrm{V,H}}=\frac{180}{\pi}\times10^3\,\mathrm{Re}(K_{\mathrm{V,H}}) \tag{4-33}$$

2. 不同尺寸分布下带电沙尘媒质中的衰减模型

粒子尺寸分布密度 $N(a)$可以表示为

$$N(a)=Np(a) \tag{4-34}$$

式中，$p(a)$为粒子尺寸分布函数；N 为单位体积中的粒子数。

由前两章的讨论已知，沙尘暴的能见度与单位体积中沙尘粒子的个数 N_0 的关系参见式(2-3)，即

$$N=\frac{15}{8.686\times10^3\pi V_{\mathrm{b}}\int_0^{\infty}a^2p(a)\,\mathrm{d}a} \tag{4-35}$$

将式(4-18)和式(4-34)代入式(4-31)中，得到如下表达式：

$$K=k_0\left(1+\frac{15}{4.343\times10^3V_{\mathrm{b}}}\cdot\left(\frac{\varepsilon_{\mathrm{m}}^*-1}{\varepsilon_{\mathrm{m}}^*+2}\right)\cdot\frac{I_3}{I_2}+\frac{15}{4.343\times10^3V_{\mathrm{b}}}\cdot\frac{\rho q(\varepsilon_{\mathrm{m}}^*-1)\sin^2\theta_0}{6\varepsilon_0E_0(1-\cos\theta_0)}\cdot\frac{I_4}{I_2}\right) \tag{4-36}$$

式中　$$I_n=\int_0^{\infty}r^np(r)\,\mathrm{d}r,\ n=1,2,\cdots$$

将式(4-36)代入式(4-32)，得到不同尺寸下带电沙尘中的衰减表达式为

$$A=0.629\times10^3\,\frac{f}{V_{\mathrm{b}}}\left(\mathrm{Im}\left(\frac{\varepsilon_{\mathrm{m}}^*-1}{\varepsilon_{\mathrm{m}}^*+2}\right)\cdot\frac{I_3}{I_2}+\frac{\rho q(\varepsilon_{\mathrm{m}}^*-1)\sin^2\theta_0}{6\varepsilon_0E_0(1-\cos\theta_0)}\cdot\frac{I_4}{I_2}\right) \tag{4-37}$$

式中，第一项代表不带电粒子对电磁波的影响；第二项为考虑粒子带电对电磁波的影响；f 为电磁波的频率。

值得注意的是，在式(4-37)中，当 $q=0$ 时，衰减的表达式为

$$A=0.629\times10^3\,\frac{f}{V_{\mathrm{b}}}\mathrm{Im}\left(\frac{\varepsilon_{\mathrm{m}}^*-1}{\varepsilon_{\mathrm{m}}^*+2}\right)\cdot\frac{I_3}{I_2} \tag{4-38}$$

这与 Ahmed 给出的不带电沙尘引起的微波信号衰减结果完全一致。该结果表明，已有的 Rayleigh 近似条件下，沙尘引起的微波信号衰减是本节研究的特殊情况。

由式(4-37)可以看出，带电沙尘的衰减与沙尘的能见度 V_{b}、粒子的复介电常数 $\varepsilon_{\mathrm{m}}^*$ 及 I_3/I_2 和 I_4/I_2 值有关。而 I_3/I_2 和 I_4/I_2 的值与粒子的尺寸分布有关，若给定粒子的尺寸分布，则其值为确定值。

3. 不同尺寸分布下 I_3/I_2 和 I_4/I_2

基于不同的粒子尺寸分布，可计算得到不同尺寸分布下的 I_3/I_2 和 I_4/I_2 值。

1）均匀分布（Uniform Distribution）

均匀分布的函数表达式为

$$p(r)=\frac{1}{2a} \tag{4-39}$$

式中，a 为粒子的半径。通过计算得到

$$\frac{I_3}{I_2}=\frac{3a}{2} \tag{4-40}$$

$$\frac{I_4}{I_2}=\frac{12}{5}a^2 \tag{4-41}$$

2）指数分布（Exponential Distribution）

指数分布的函数表达式为

$$p(r)=\frac{1}{a}\exp\left(-\frac{r}{a}\right) \tag{4-42}$$

式中，a 为粒径的平均值，指数分布完全由单个参数 a 确定。通过计算得到

$$\frac{I_3}{I_2}=3a \tag{4-43}$$

$$\frac{I_4}{I_2}=12a^2 \tag{4-44}$$

3）瑞利分布（Rayleigh Distribution）

瑞利分布的函数表达式为

$$p(r)=\frac{r}{\mu^2}\exp\left(-\frac{r^2}{2\mu^2}\right) \tag{4-45}$$

式中，a 为粒径的平均值，$a=\mu\sqrt{\frac{\pi}{2}}$。通过计算得到

$$\frac{I_3}{I_2}=\frac{3a}{2} \tag{4-46}$$

$$\frac{I_4}{I_2}=\frac{8}{\pi}a^2 \tag{4-47}$$

4）对数正态分布（Log - Normal Distribution）

对数正态分布的函数表达式为

$$p(r)=\frac{1}{\sqrt{2\pi}\beta r}\exp\left(-\frac{(\ln r-m)^2}{2\beta^2}\right) \tag{4-48}$$

式中，平均值和标准偏差分别为 $a=\exp\left(m+\frac{\beta^2}{2}\right)$，$\sigma=a\ (\exp\beta^2-1)^{\frac{1}{2}}$。通过计算得到

$$\frac{I_3}{I_2}=(1+\delta^2)\,a,\ \delta=\frac{\sigma}{a} \tag{4-49}$$

$$\frac{I_4}{I_2}=a\ (1+\delta^2)^{\frac{5}{2}} \tag{4-50}$$

4. 计算结果

在计算中参数的选择为：$f=37$ GHz，含水量为 10%时的 $\varepsilon_m^*=4.0-\mathrm{j}1.3$，$E_0=$

50 V·m^{-1}，$q=-0.15\ \mu C\cdot kg^{-1}$，$\theta_0=2.0$ rad。四种不同尺寸分布(即均匀分布、指数分布、瑞利分布、对数正态分布)下，衰减与能见度的变化关系如图4-10所示。从图4-10中可以看出，衰减随能见度的增加而减小，其中指数分布引起的衰减最大，对数正态分布引起的衰减最小，瑞利分布和均匀分布计算的结果很接近。

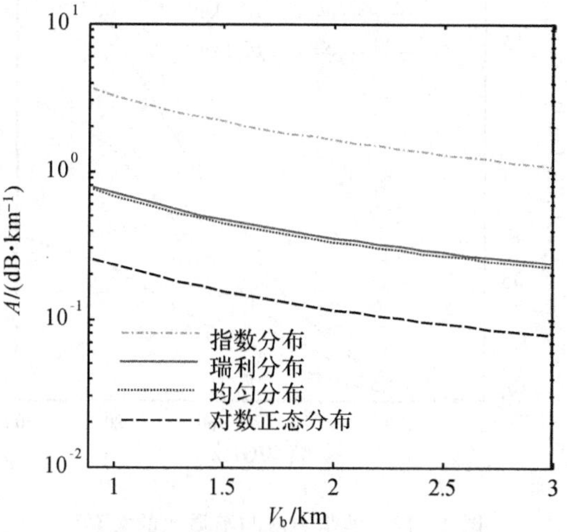

图4-10 衰减与能见度的关系($f=9.4$ GHz)

对于指数分布，参数选择为：$f=9.4$ GHz，粒子半径为 $a=40\ \mu m$，$\varepsilon_m^*=2.634-j0.734$，$V_b=100$ m，在不同的荷质比下，带电沙尘衰减随电荷分布角 θ_0 的变化关系如图4-11所示。在图4-11中，平行于水平轴线的直线表示Haddad实验测量的不带电沙尘的衰减为34 dB·km^{-1}，与本节式(4-37)模型计算的衰减曲线相交，表明在一定的条件下，该模型预测值与实验测量值是一致的。从计算结果可以看出：在给定的荷质比下，随着沙尘粒子表面电荷分布角的增大，衰减变小，表明电荷分布越分散，对电磁波的影响越小。

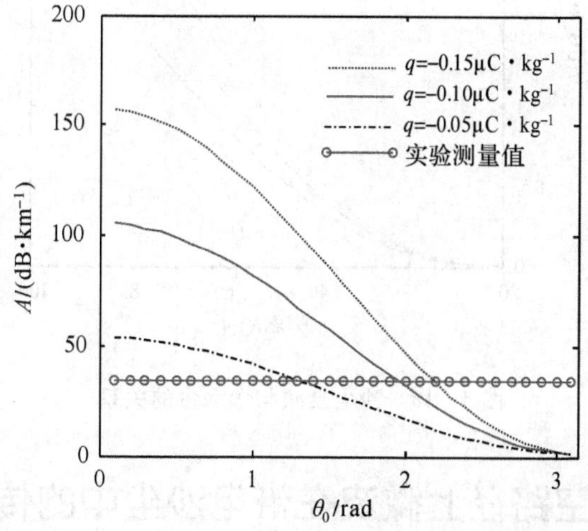

图4-11 指数分布下沙尘衰减与电荷分布角的关系

根据粒子的等效复介电常数的模型，取 $q=-0.15\ \mu C\cdot kg^{-1}$、$-0.10\ \mu C\cdot kg^{-1}$、

$-0.05\ \mu C \cdot kg^{-1}$，$\theta_0=2.0$ rad 和 $V_b=1.5$ km，图 4-12 给出了不同的荷质比、指数分布下衰减随频率的变化关系。从图中可以看出，衰减随频率和荷质比的增大而增大。

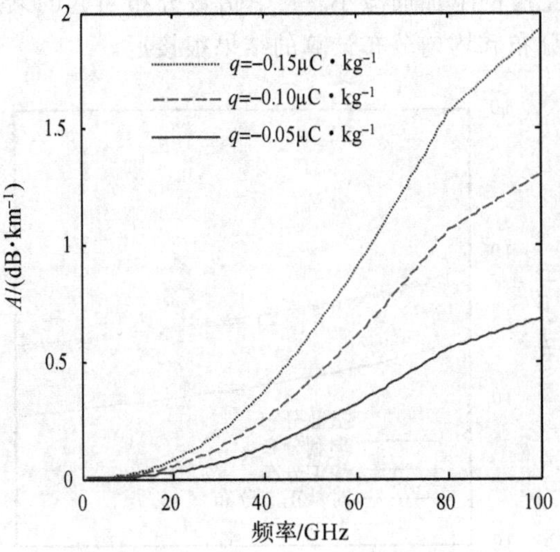

图 4-12　沙尘衰减与荷质比的关系

当沙尘参数 $q=-0.15\ \mu C \cdot kg^{-1}$，$\theta_0=2.0$ rad，含水量分别为 10%、15%、20%时，衰减随含水量(Moisture Content)的变化关系如图 4-13 所示。从图中可以看出，衰减随含水量的增加而增大；频率增加则衰减增大。

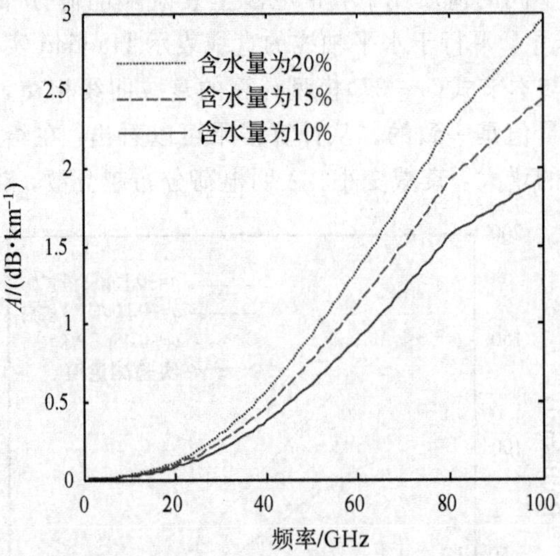

图 4-13　沙尘衰减与含水量的关系

4.4　地空路径上微波在带电沙尘中的传输特性

大气中的悬浮粒子如沙尘、雨滴等在地空路径上引起多径衰落、信号衰减和交叉极化效应，这对卫星通信系统的性能有重要的影响。目前，研究者已针对降雨对卫星通信的影响进行了大量的研究，并且建立了精度较高的预报模型。在 10 GHz 以上的频段，沙尘媒质可以引起通信质量和可用性的下降，国内黄继英、尹文言等人对沙尘媒质通信线路上的传输特性进行研究。而针对带电沙尘媒质的研究相对较少，本节对带电沙尘对通信线路的影响展开讨论。

4.4.1　带电沙尘引起的衰减和相移

根据等效介质传播理论，把沙尘等效为一均匀介质，且假定所有的粒子半径相同，将式(4-18)代入式(4-31)可得

$$K=k_0\left(1+2\pi a^3N\left(\frac{\varepsilon_m^*-1}{\varepsilon_m^*+2}\right)+2\pi a^4N\frac{\rho q(\varepsilon_m^*-1)\sin^2\theta_0}{6\varepsilon_0E_0(1-\cos\theta_0)}\right) \tag{4-51}$$

式中，N 为空气中的沙粒浓度(即单位体积中的沙粒数)。但在沙尘暴期间，N 是很难测准的物理量。

通常用光学能见度 V_b 来描述沙尘暴的浓度。能见度、沙粒浓度 N 与光的衰减系数成反比关系，即

$$V_b=\frac{15}{\alpha_0} \tag{4-52}$$

$$N=\frac{\alpha_0a}{6.5\left(\frac{4\pi}{3}a^3\right)} \tag{4-53}$$

由式(4-51)～式(4-53)得到传播常数为

$$K=k_0\left[1+\frac{3.46a}{V_b}\left(\frac{\varepsilon_m^*-1}{\varepsilon_m^*+2}\right)+\frac{15a^2}{26V_b}\cdot\frac{\rho q(\varepsilon_m^*-1)\sin^2\theta_0}{6\varepsilon_0E_0(1-\cos\theta_0)}\right] \tag{4-54}$$

值得注意的是，当式(4-54)中取 $q=0$ 时，有

$$K=k_0\left(1+\frac{3.46a}{V_b}\left(\frac{\varepsilon_m^*-1}{\varepsilon_m^*+2}\right)\right) \tag{4-55}$$

这与 A.J Ansari 和 B. G Evans 得到的电磁波在不带电沙尘中的前向传播常数的结果完全一样。该结果表明：已有的 Rayleigh 近似条件下的传播系数是本节式(4-54)的特殊情况。

把式(4-54)分别代入式(4-32)和式(4-33)，可得电磁波衰减系数 α 和相移系数 β 分别为

$$\alpha=8.686k_0\left(-\frac{3.46a}{V_b}\mathrm{Im}\left(\frac{\varepsilon_m^*-1}{\varepsilon_m^*+2}\right)+\frac{15a^2\rho q\sin^2\theta_0}{26V_b\varepsilon_0E_0(1-\cos\theta_0)}\mathrm{Im}(\varepsilon_m^*-1)\right) \tag{4-56}$$

$$\beta=57.296k_0\left(\frac{3.46a}{V_b}\mathrm{Re}\left(\frac{\varepsilon_m^*-1}{\varepsilon_m^*+2}\right)+\frac{15a^2\rho q\sin^2\theta_0}{26V_b\varepsilon_0E_0(1-\cos\theta_0)}\mathrm{Re}(\varepsilon_m^*-1)\right) \tag{4-57}$$

4.4.2　地空路径上带电沙尘引起的衰减和相移

1. 经验模型

由于计算地空路径上沙尘暴的影响尚没有实验数据可以借鉴，因此下面的公式仅适用于距地面 1～21 m 的高度。

沙尘粒子的平均半径 a 以及能见度 V_b 与高度有关，其关系如下：

$$a = a_{0a}\left(\frac{h}{h_0}\right)^{-\gamma_a},\ \gamma_a = 0.15 \tag{4-58}$$

$$V_b = V_{b0}\exp(b(h - h_0)),\ b = 1.25 \tag{4-59}$$

式中，h_0 为地球站高度；a_{0a}、V_{b0} 分别为高度 h_0 时沙尘粒子的平均半径和能见度。

把式(4-58)、式(4-59)分别代入式(4-56)和式(4-57)中，可得到距地面不同高度时沙尘暴引起的衰减系数与相移系数分别为

$$\alpha = 8.686k_0 \frac{1}{\exp(b(h-h_0))}\left(-\frac{3.46a_{0a}}{V_{b0}}\left(\frac{h}{h_0}\right)^{-\gamma_a}\mathrm{Im}\left(\frac{\varepsilon_m^* - 1}{\varepsilon_m^* + 2}\right) + \frac{15a_{0a}^2\rho q\sin^2\theta_0}{26V_{b0}\varepsilon_0 E_0(1-\cos\theta_0)}\left(\frac{h}{h_0}\right)^{-2\gamma_a}\mathrm{Im}(\varepsilon_m^* - 1)\right) \tag{4-60}$$

$$\beta = 57.296k_0 \frac{1}{\exp(b(h-h_0))}\left(\frac{3.46a_{0a}}{V_{b0}}\left(\frac{h}{h_0}\right)^{-\gamma_a}\mathrm{Re}\left(\frac{\varepsilon_m^* - 1}{\varepsilon_m^* + 2}\right) + \frac{15a_{0a}^2\rho q\sin^2\theta_0}{26V_{b0}\varepsilon_0 E_0(1-\cos\theta_0)}\left(\frac{h}{h_0}\right)^{-2\gamma_a}\mathrm{Re}(\varepsilon_m^* - 1)\right) \tag{4-61}$$

对于距地面1～21 m这段路径上的衰减量和相移量，可将其分别表示为

$$A_m = \int_{h_0}^{h_m} \alpha \cdot \frac{\mathrm{d}h}{\sin\theta} \tag{4-62}$$

$$\Phi_m = \int_{h_0}^{h_m} \beta \cdot \frac{\mathrm{d}h}{\sin\theta} \tag{4-63}$$

式中，h_0 为地球站高度，$h_m = 21$ m；θ 为地球站天线的仰角，如图4-14所示。

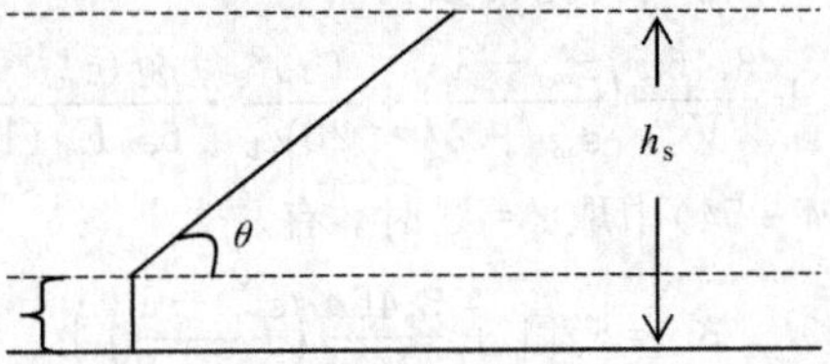

图4-14　电磁波地空路径传播的示意图

2. 地空路径上衰减的等效模型

沙尘暴的厚度可以达到几千米甚至更高，一定高度上衰减的经验模型对于高度远大于 h_m 的地空路径并不适用，因而对于地空路径上沙尘暴引起的总衰减量和总相移量的计算，这里作一等效，给出等效模型。如图4-14所示，取沙尘暴厚度为 $h_s = 2$ km，计算高度从 h_0 到 h_s 变化。由于高度达到2 km以上时，沙尘粒子的尺寸和密度都比较小，相应的衰减和相移也很小，因此可假设高度 h_s 处的衰减和相移趋近于零，采用求均值的方法，已知21 m处的衰减率 α_m 和相移率 β_m，计算高度从 h_m 到 h_s 的总衰减量 A_s 和总相移量 Φ_s 分别为

$$A_s = \frac{\alpha_m(h_s - h_m)}{2\sin\theta} \tag{4-64}$$

$$\Phi_s = \frac{\beta_m(h_s - h_m)}{2\sin\theta} \tag{4-65}$$

$$A = A_m + A_s \tag{4-66}$$

$$\Phi = \Phi_m + \Phi_s \tag{4-67}$$

3. 数值计算

1）水平路径上衰减和相移的计算

沙尘粒子的介电常数与很多因素有关，但尤以含水量 p 的最明显。本节取 $f=37$ GHz，当 $p=10\%$ 时，$\varepsilon_m^*=4.0-j1.3$；当 $p=15\%$ 时，$\varepsilon_m^*=6.72-j3.1875$。取 $f=14$ GHz，当 $p=5\%$ 时，$\varepsilon_m^*=3.9-j0.62$。沙尘粒子的荷质比为 $q=-0.1\ \mu C\cdot kg^{-1}$。计算结果分别如图 4-15 和图 4-16 所示。从图中可以看出，衰减率和相移率与能见度的变化关系，带电沙尘粒子引起的衰减和相移比不带电沙尘粒子的衰减和相移大，频率越大则衰减和相移增大。

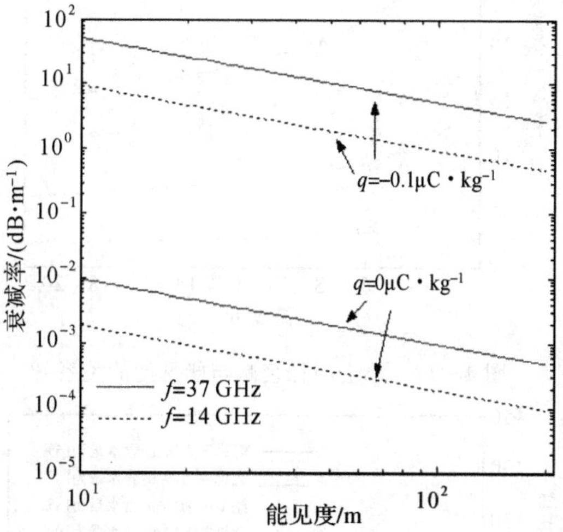

图 4-15　水平路径衰减与能见度的关系

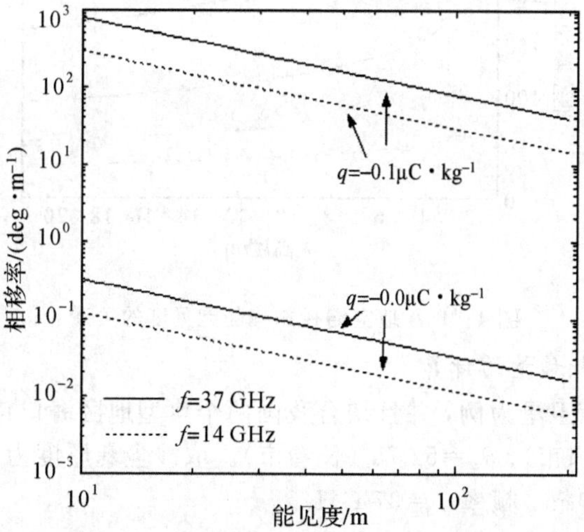

图 4-16　水平路径相移与能见度的关系

2）地空路径上衰减和相移的计算

当频率 $f=37$ GHz、沙尘粒子含水量分别为 10% 和 15% 时，沙粒荷质比为

$-0.03\ \mu C \cdot kg^{-1}$，表示衰减率和相移率与高度及能见度的变化关系如图 4-17 和图 4-18。

从图 4-17 中可以看出，能见度越大，沙尘暴引起的衰减率越小；沙尘粒子含水量越大，衰减率越大；高度越高，衰减率也越小。从图 4-18 中可以看出，能见度越大，沙尘暴引起的相移率越小；沙尘粒子含水量越大，相移率越大；高度越高，相移率也越小。

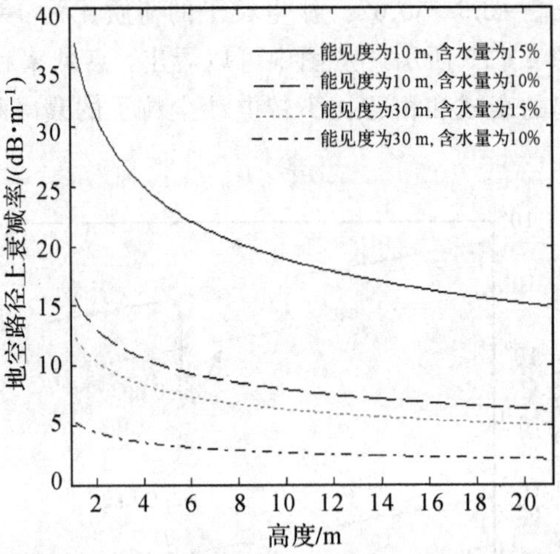

图 4-17　地空路径衰减与能见度的关系

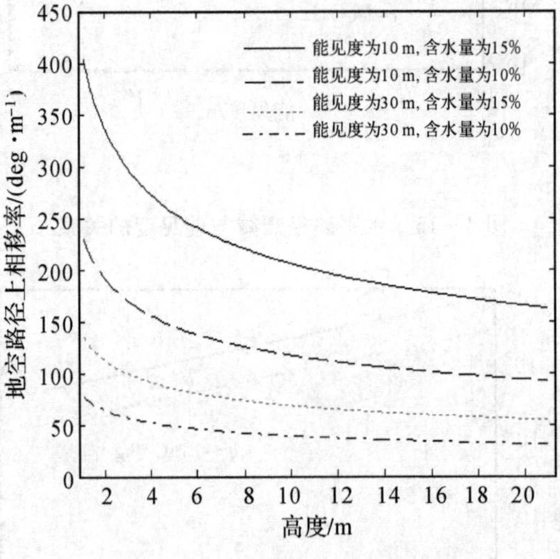

图 4-18　地空路径相移与能见度的关系

3) *总衰减量和总相移量的计算*

以 N-STAR 通信卫星为例，并且结合我国两个典型地区海口市所对应的地球站天线仰角：$\theta_1=38.138°$(海口市)、$\theta_2=52.75°$(长春市)。取沙尘暴厚度为 2 km，高度 h_0 处的能见度分别为 10 m 和 30 m，频率 $f=37$ GHz。

根据式(4-66)和式(4-67)，分别计算地空路径上沙尘暴引起的总衰减量、总相移量，具体数值结果参见表 4-1。

从表 4-1 中可以看出，在相同的条件下，天线仰角越大，总衰减量和总相移量越小；能见度越大，总衰减量和总相移量越小；沙尘粒子含水量越大，总衰减量和总相移量越大；

沙尘的荷质比越大，总衰减量和总相移量越大。

表 4-1　f=37 GHz 时地空路径上沙尘暴引起的总衰减量和总相移量

天线仰角 θ	含水量 p	能见度	荷质比	总衰减量 A/dB	总相移量 Φ/deg
θ_1	10%	10	−0.03	16.5	112.5
θ_1	10%	10	−0.1	54.9	375.2
θ_1	10%	30	−0.1	18.3	125.0
θ_1	15%	10	−0.1	94.8	520.0
θ_2	10%	10	−0.03	9.98	67.9
θ_2	10%	10	−0.1	33.3	226.8
θ_2	10%	30	−0.1	11.1	75.60
θ_2	15%	10	−0.1	81.5	456.3

上述关于衰减以及相移的计算，只是取了几个特定的例子。对于其他情况，比如高度 h_0 处不同的能见度、不同的频率、不同的介电常数都可以参考此例进行相应的计算。

4.5　带电球形粒子的 Mie 散射

4.5.1　带电球形粒子的 Mie 散射系数

当平面波入射一带电球形粒子时，边界条件为

$$\hat{\boldsymbol{n}}\times(\boldsymbol{E}_2-\boldsymbol{E}_1)=0 \tag{4-68}$$

$$\hat{\boldsymbol{n}}\times(\boldsymbol{H}_2-\boldsymbol{H}_1)=\boldsymbol{K} \tag{4-69}$$

这一结论最早是由 Bohren 在 1977 年提出的。其中，$\hat{\boldsymbol{n}}$ 是球粒子的表面外法向矢量，$\boldsymbol{K}$ 是表面电流密度。表面电流密度和表面电导之间的关系为

$$\boldsymbol{K}=\sigma_s\boldsymbol{E}_t \tag{4-70}$$

式(4-68)和式(4-69)可进一步表示为

$$E_{i\theta}+E_{s\theta}=E_{1\theta},\ (r=a) \tag{4-71}$$

$$E_{i\varphi}+E_{s\varphi}=E_{1\varphi},\ (r=a) \tag{4-72}$$

$$H_{i\theta}+H_{s\theta}=H_{1\theta}+\sigma_s E_{1\varphi},\ (r=a) \tag{4-73}$$

$$H_{i\varphi}+H_{s\varphi}=H_{1\varphi}+\sigma_s E_{1\theta},\ (r=a) \tag{4-74}$$

于是可得下列方程组：

$$\begin{cases} j_n(mx)+h_n^{(1)}(x)b_n=j_n(mx) \\ (mxj_n(mx))'d_n+m(xh_n^{(1)}(x))'a_n=m(xj_n(x))' \\ ((mxj_n(mx))'-\mathrm{j}\omega\sigma_s\mu_1 Rj_n(mx))c_n+\dfrac{\mu_1}{\mu_0}(xh_n^{(1)}(x))'b_n=\dfrac{\mu_1}{\mu_0}(xj_n(x))' \\ \left(mxj_n(mx)+\mathrm{j}\omega\sigma_s\mu_1 R\dfrac{(mxj_n(mx))'}{mx}\right)d_n+\dfrac{\mu_1}{\mu_0}xh_n^{(1)}(x)a_n=\dfrac{\mu_1}{\mu_0}xj_n(x) \end{cases} \tag{4-75}$$

解方程组式(4-75)，可得散射系数 a_n 和 b_n 分别为

$$a_n=\frac{u_0^{-1}\psi_n(x)\psi_n{}'(mx)-mu_1^{-1}\psi_n(mx)\psi_n{}'(x)-\mathrm{j}\omega k^{-1}\sigma_s\psi_n{}'(x)\psi_n{}'(mx)}{u_0^{-1}\xi_n(x)\psi_n{}'(mx)-mu_1^{-1}\psi_n(mx)\xi_n{}'(x)-\mathrm{j}\omega k^{-1}\sigma_s\xi_n{}'(x)\psi_n{}'(mx)} \quad (4-76)$$

$$b_n=\frac{u_0^{-1}\psi_n{}'(x)\psi_n(mx)-mu_1^{-1}\psi_n(x)\psi_n{}'(mx)+\mathrm{j}\omega k^{-1}\sigma_s\psi_n(x)\psi_n(mx)}{u_0^{-1}\xi_n{}'(x)\psi_n(mx)-mu_1^{-1}\xi_n(x)\psi_n{}'(mx)+\mathrm{j}\omega k^{-1}\sigma_s\xi_n(x)\psi_n(mx)} \quad (4-77)$$

式中，m 是带电球形粒子的折射率；x 是带电球形粒子的尺寸参数。

对于 $u_1=u_0$ 时，散射系数 a_n 和 b_n 可分别表示为

$$\begin{cases} a_n=\dfrac{((1+ng/x)D_n(mx)/m+n/x)\psi_n(x)-(1+gD_n(mx)/m)\psi_{n-1}(x)}{((1+ng/x)D_n(mx)/m+n/x)\xi_n(x)-(1+gD_n(mx)/m)\xi_{n-1}(x)} \\ b_n=\dfrac{(mD_n(mx)+(n/x)(1-gx/n))\psi_n(x)-\psi_{n-1}(x)}{(mD_n(mx)+(n/x)(1-gx/n))\xi_n(x)-\xi_{n-1}(x)} \end{cases} \quad (4-78)$$

式中，$g\equiv \mathrm{j}\omega k^{-1}u_0\sigma_s$，$\sigma_s$ 为表面电导。

4.5.2 带电沙尘粒子的散射特性

在毫米波段，把沙尘粒子处理为球形，并利用 4.5.1 节中带电球形粒子的 Mie 散射理论进行严格精确求解，得到沙粒 $Q_{ext}(D)$（即消光截面）与沙粒半径之间的关系为

$$Q_{ext}(D)=\frac{2\pi}{k^2}\sum_{n=1}^{\infty}(2n+1)\mathrm{Re}(a_n+b_n) \quad (4-79)$$

在利用式(4-79)计算 $Q_{ext}(D)$时，可利用沙粒的等效介电常数模型公式(2-25)进行计算。当频率分别为 24 GHz、37 GHz，含水量均为 10%时，沙粒的介电常数分别为 $\varepsilon_m^*=4.0-\mathrm{j}1.325$、$5.1-\mathrm{j}1.4$，分别考虑不带电和面电导率为 $\sigma_{sc}=5\times10^{-4}\,\mathrm{s\cdot m^{-2}}$时，其球形散射介质的 $Q_{ext}(D)$与沙粒半径 a 之间的关系如图 4-19 所示。从图中可以看出，随着频率的增加，沙粒的 Q_{ext} 增大。在同一频率下，沙粒尺寸相对于波长较小时，Q_{ext} 随着沙粒半径增大而增大；带电沙粒的 Q_{ext} 要大于不带电沙粒的 Q_{ext}。

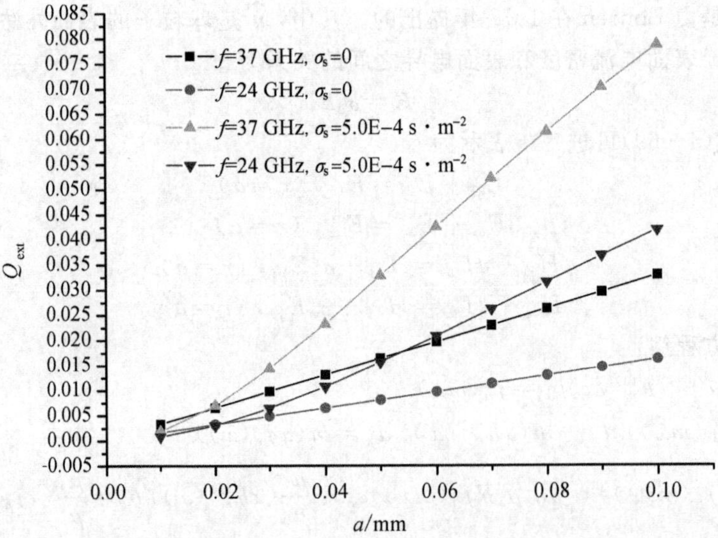

图 4-19 沙粒归一化衰减截面与沙粒半径的关系

4.5.3 沙粒衰减与能见度关系的计算

电磁波在离散随机介质中传播时的信号衰减，可由不同尺寸的单个粒子的消光截面和介质中粒子的尺寸分布决定。毫米波在沙尘暴中传播时的信号衰减可用下式计算：

$$A = 4343\int_0^{\infty} Q_{ext}(D)N(D)\mathrm{d}D \tag{4-80}$$

式中，A（单位为 $\mathrm{dB \cdot km^{-1}}$）为衰减；$N(D)$是粒子尺寸分布函数；$Q_{ext}(D)$表示直径为 D 的单个粒子消光截面 $N(D)$是单位体积(每立方米)、粒直径在 $D \sim D+\mathrm{d}D$（单位为 mm）的间隔内沙粒的数目。当然，积分限是从最小粒直径到最大粒直径。

在沙粒衰减系数 A（单位为 $\mathrm{dB \cdot km^{-1}}$）的计算中，令沙粒 $N(a)$模型为对数正态分布(Log-Normal Distribution)。对于三参数的对数正态分布，根据不同的沙粒粒径分布的统计参数具有不同的参数值，如表 2-1 中给出的爆炸沙尘、车扬沙尘和自然风沙的参数值。分别在频率为 14 GHz、24 GHz、37 GHz 时，应用式(4-80)进行沙尘暴衰减预测，得到的结果分别如图4-20和图 4-21 所示。

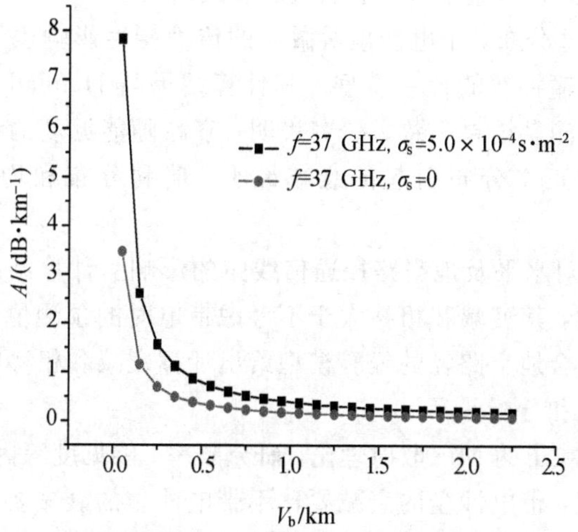

图 4-20　衰减与能见度之间的关系(频率为 37 GHz)

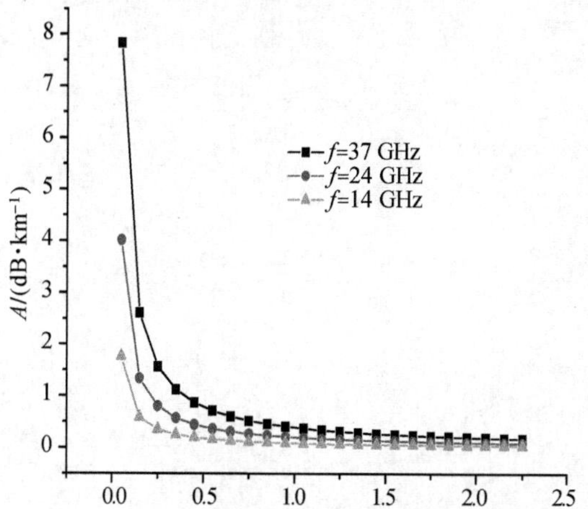

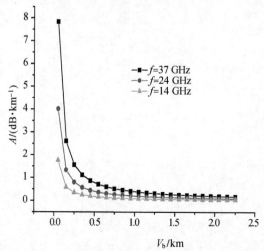

图 4-21　衰减与能见度之间的关系(频率为 14 GHz、27 GHz、37 GHz)

图 4-20 表明，对于同一频率和能见度，带电沙尘的衰减要比不带电沙尘的衰减要大，并且衰减随能见度的增大而减小。图 4-21 表明，在不同的频率下，带电沙尘的衰减随能见度的变化关系，频率越大，衰减越大。

本章小结

本章基于带电沙粒的 Rayleigh 散射和 Mie 散射理论，对电磁波沿水平及地空路径上的传播特性进行了系统研究和讨论，取得了以下研究结果：

(1) 对于沙尘的指数分布和对数正态分布，建立微波在带电沙尘中的传输特性模型，该模型在不考虑沙粒带电时，与已有的模型完全吻合。研究表明，当沙尘表面局部带电时，其衰减大于不带电沙尘的衰减；当沙尘整个表面均匀分布电荷($\theta_0=\pi/2$)时，其衰减与不带电的情况相同。从计算结果可看出，带电沙粒比不带电沙粒对微波信号衰减的影响明显增大，带电沙粒所带表面电荷越集中，对微波的衰减影响越大；微波衰减随能见度的增大而减小。另外，沙粒的含水量增大，电磁波的衰减增大。

(2) 不同的沙尘尺寸分布，带电沙尘对微波的传输特性影响也不同，提出适用于各种尺寸分布模型的微波传输特性的统一模型。其计算结果与 Haddad 的实验测量结果比较，该模型预测结果与实验测量结果一致。研究表明，衰减随能见度的增加而减小，指数分布引起的衰减最大，对数正态分布引起的衰减最小，瑞利分布和均匀分布计算的结果很接近。

(3) 研究带电沙尘对水平及地空路径通信线路的影响。计算结果表明，当球形沙尘粒子表面部分区域带电时，其衰减和相移大于不考虑带电时的预测值，而且衰减和相移随能见度的增大而减小。结合地空路径的经验模型给出计算衰减和相移的等效模型，并利用典型数据做了相应的计算和分析。

(4) 应用带电球形粒子的 Mie 散射理论，研究频率、能见度等因素对微波衰减的影响。对于同一频率和能见度，带电沙尘的衰减要比不带电沙尘的衰减要大，并且衰减随能见度的增大而减小。

第 5 章　球形粒子对脉冲波的散射

5.1 引　言

有关介质球、导电球对于平面电磁波的散射研究已被广泛关注。对于带电球形粒子的散射，国内外学者应用带电球形粒子的边界条件，推广了介质球的 Mie 理论，得到带电球形粒子的散射系数表达式，进而研究带电球形粒子的散射特性。

有关脉冲波在随机介质中的传播特性，就研究方法来讲：① 基于双频互相干函数的脉冲波传播理论；② 是 Forrer 在 1958 年首次提出——傅里叶时域积分近似解方法，研究脉冲波的波形变化、脉冲展宽和压缩等特性。1994 年，Kusiel S. Shifrin 等人利用 Lorents - Mie 研究球形粒子对光脉冲波的散射特性，其研究结果表明，球形粒子对平面波的散射系数和相函数，与粒子对脉冲波的散射系数和相函数是不同的。

本章首先根据带电水滴的等效介电常数，基于毫米波段不带电水滴 Rayleigh 散射理论，研究带电水滴的散射特性，数值计算带电水滴散射截面和吸收截面随粒子尺寸参数、频率的变化关系，并与不带电水滴情况进行比较，也与 J.Klacka 提出的 Mie 理论计算带电球形粒子散射的方法进行了比较。重点依据 Lorentz - Mie 理论研究球形沙尘粒子对脉冲波的散射特性，得到了沙尘粒径、脉冲宽度对脉冲波的消光系数、散射系数、后向散射和散射相函数的影响规律。

5.2 带电水滴的介电特性

5.2.1 水滴的介电常数

雨滴或水质点等介质的介电特性，对电波传播的影响起着关键的作用，雨滴的散射与吸收特性与它的介电特性密切相关。雨滴是由水构成的，所以需要计算不同波段的液态水的复介电常数，通常用相对介电常数 $\varepsilon=\varepsilon_1-\mathrm{j}\varepsilon_2$ 或折射率 $n=n_1-\mathrm{j}n_2$ 表示，两者之间的关系为 $n=\sqrt{\varepsilon}$ 。

在波长大于 1 mm 时，液态水的介电特性是由水分子的极化特性确定的；当波长短于 1 mm 时，液态水的介电特性是分子中的各种谐振吸收所给出的，它是温度和频率的复杂函数。通常使用较多的介电常数经验公式介绍如下。

德拜(Debye)公式如下：

$$\varepsilon=n^2=\frac{\varepsilon_s-\varepsilon_\infty}{1+\mathrm{j}\dfrac{\lambda'}{\lambda}}+\varepsilon_\infty \tag{5-1}$$

式中，ε_s 是静电场水的相当介电常数；ε_∞ 是光学极限时水的相当介电常数；λ' 为松弛波长(单位为 mm)；λ 为载波波长(单位为 mm)。式(5-1)中的参数参见表 5-1。

表 5-1　德拜公式中的参数值

T/℃	ε_s	ε_∞	λ'
0	88	5.5	3.59
20	80	5.5	1.53
40	73	5.5	0.0859

Ray 研究了许多试验结果，得到适用于－20～50℃、波长大于 1 mm 的水滴介电常数经验公式，其实部和虚部分别为

$$\varepsilon_1=\varepsilon_\infty+\frac{(\varepsilon_s-\varepsilon_\infty)\left(1+\left(\frac{\lambda_s}{\lambda}\right)^{1-\alpha}\sin\left(\alpha\frac{\pi}{2}\right)\right)}{1+2\left(\lambda_s/\lambda\right)^{1-\alpha}\sin\left(\alpha\frac{\pi}{2}\right)+\left(\lambda_s/\lambda\right)^{2(1-\alpha)}} \tag{5-2}$$

$$\varepsilon_2=\frac{\sigma\lambda}{18.8496\times10^{10}}+\frac{(\varepsilon_s-\varepsilon_\infty)\left(\frac{\lambda_s}{\lambda}\right)^{1-\alpha}\cos\left(\alpha\frac{\pi}{2}\right)}{1+2\left(\lambda_s/\lambda\right)^{1-\alpha}\sin\left(\alpha\frac{\pi}{2}\right)+\left(\lambda_s/\lambda\right)^{2(1-\alpha)}} \tag{5-3}$$

式中，$\sigma=12.5664\times10^8$ 为与频率无关的电导率。

$$\varepsilon_s=78.54\left(1-4.579\times10^{-3}(t-25)+1.19\times10^{-5}(t-25)^2-2.8\times10^{-8}(t-25)^3\right) \tag{5-4}$$

$$\varepsilon_\infty=5.271\,34+2.164\,74\times10^{-2}t-1.311\,98\times10^{-3}t^2 \tag{5-5}$$

$$\alpha=-\frac{16.8129}{t+273}+6.092\,65\times10^{-2} \tag{5-6}$$

$$\lambda_s=3.3836\times10^{-4}\exp\left(\frac{2513.98}{t+273}\right) \tag{5-7}$$

式中，t 为温度(单位为℃)。注意：当波长小于 1 mm 时，需要考虑分子的吸收影响。

5.2.2　带电水滴的介电常数

对于带电水滴，其等效介电常数为

$$\varepsilon_{\mathrm{eff}}=\varepsilon_v(f,t)+\varepsilon_s(f,t) \tag{5-8}$$

式中，$\varepsilon_v(f,t)$ 是中性水滴的介电常数，可由德拜(Debye)公式模型计算；$\varepsilon_s(f,t)$ 是表面介电常数，受带电水滴的表面电荷影响。

表面介电常数 $\varepsilon_s(f,t)$ 为

$$\varepsilon_s=\frac{-\omega_s^2}{(\omega^2+\mathrm{j}\omega\gamma)} \tag{5-9}$$

式中，ω_s 为表面等离子频率。其表达式为

$$\omega_s^2=\frac{Ne^2}{2\pi a^3m_e\varepsilon_0} \tag{5-10}$$

式中，N 为表面电荷数，与基本电荷 e 的关系为

$$N=\frac{2\pi\varepsilon_0 a}{e} \tag{5-11}$$

于是可得 ω_s 为

$$\omega_s=\frac{e}{m_e a^2} \tag{5-12}$$

γ 是与温度有关的量，应用改进型公式为

$$\gamma(t)=\frac{4\pi r_e \eta(t)}{m_e} \tag{5-13}$$

5.3　带电水滴对平面波的散射特性

当入射波投射到散射体上时，一部分入射的能量被散射体吸收，转化为热能；另一部分能量被散射体所散射。散射体吸收的能量 P_a 与入射功率密度 S_i(单位为 $W \cdot m^{-2}$)之比称为吸收截面 Q_a。其表达式为

$$Q_a=\frac{P_a}{S_i} \tag{5-14}$$

Q_a 与散射体物理截面之比称为归一化吸收截面或吸收系数 σ_a。对于半径为 r 的球形粒子，σ_a 表示为

$$\sigma_a=\frac{Q_a}{\pi r^2} \tag{5-15}$$

散射体散射的能量 P_s 与入射功率密度 S_i(单位为 $W \cdot m^{-2}$)之比称为散射截面 Q_s。散射截面 Q_s 和散射系数(归一化散射截面)σ_s 定义为

$$Q_s=\frac{P_s}{S_i} \tag{5-16}$$

$$\sigma_s=\frac{Q_s}{\pi r^2} \tag{5-17}$$

散射截面和吸收截面之和称为消光(衰减)截面。消光截面 Q_e 和消光系数(消光系数)σ_e 定义为

$$Q_e=Q_s+Q_a \tag{5-18}$$

$$\sigma_e=\sigma_s+\sigma_a \tag{5-19}$$

5.3.1　Rayleigh 散射

当雨滴的尺寸远小于入射波的波长时，即满足 $|mx|\ll 1$，可使用 Rayleigh 散射近似计算雨滴的散射特性。该计算要比利用 Mie 理论和其他数值算法简单、方便得多，并且在计算较低频段的降雨传播特性和雷达气象特性上得到广泛应用。对于球形雨滴，其归一化散射截面和归一化吸收截面分别为

$$\sigma_s=\frac{8}{3}\chi^4\ |K|^2 \tag{5-20}$$

$$\sigma_a=4\chi\,\mathrm{Im}(-K) \tag{5-21}$$

式中，Im 表示取虚部，K 为

$$K=\frac{m^2-1}{m^2+2}=\frac{\varepsilon-1}{\varepsilon+2} \tag{5-22}$$

由此可求得散射和吸收截面分别为

$$Q_s=\frac{2\lambda^2}{3\pi}\chi^6\ |K|^2=\frac{128\pi^5 r^6}{3\lambda^4}\ |K|^2 \tag{5-23}$$

$$Q_a=\frac{\lambda^2}{\pi}\chi^3\mathrm{Im}(-K)=\frac{8\pi^2}{3\lambda}r^3\varepsilon_r\left|\frac{3}{\varepsilon+2}\right|^2 \tag{5-24}$$

由于在 Rayleigh 近似条件下($\chi\ll1$)，吸收截面远大于散射截面，因此消光截面可用吸收截面近似表示。

5.3.2 带电水滴的散射特性数值计算

依据带电水滴介电常数的计算模型(参见式(5-8))和 Rayleigh 近似条件下雨滴的归一化散射截面、归一化吸收截面的计算公式，分别计算当温度 $T=20$℃、频率 $f=100$ GHz 时，带电水滴与不带电水滴的消光系数比率$\frac{\sigma_{\text{extQ}}}{\sigma_{\text{ext0}}}$和散射系数比率$\frac{\sigma_{\text{scaQ}}}{\sigma_{\text{s0}}}$随水滴尺寸参数 χ 的变化关系。应用 J.Klacka 提出的 Mie 理论计算带电球形粒子散射的方法，即分别利用式(4-76)和式(4-77)及式(3-48)和式(3-49)进行计算，并与 Rayleigh 散射的结果进行比较。消光和散射系数随粒子尺寸的变化关系分别如图 5-1 和图 5-2 所示。

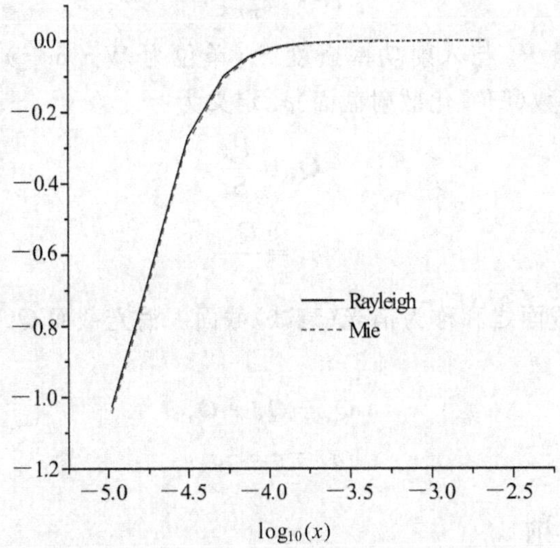

图 5-1 消光系数随粒子尺寸的变化关系

从图 5-1 的计算结果可以看出，Rayleigh 散射和 J.Klacka 的 Mie 散射计算的结果吻合得很好，随着水滴尺寸参数的增加，带电水滴和不带电水滴的消光系数的比值增大；当粒子尺寸参数 $x<-4.0$ 时，消光系数比率随水滴尺寸参数的增大明显增大。并且随着 x 的继续变大，带电水滴和不带电的消光系数比率接近于 0 即，两者趋于相等。

图 5-2 所示为带电水滴与中性水滴的散射系数比率随粒子尺寸参数的变化关系。从图 5-2 的计算结果可以看出，Rayleigh 散射和 J.Klacka 的 Mie 散射计算的结果吻合得很

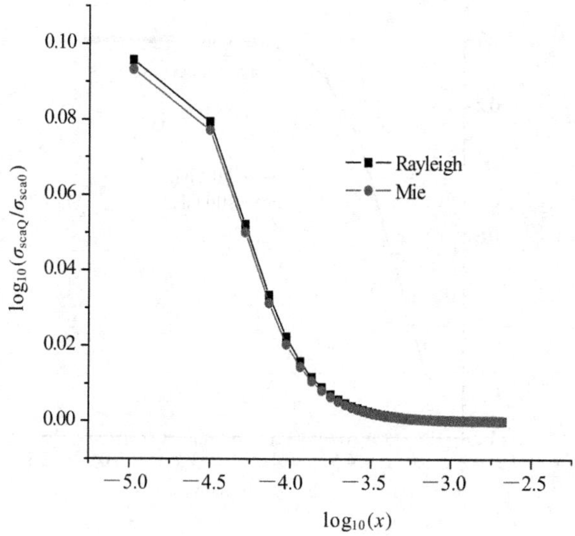

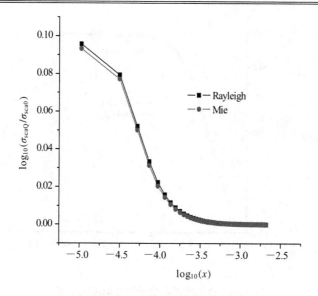

图 5-2　散射系数随粒子尺寸的变化关系

好，随着水滴尺寸参数的增加，散射系数的比率减小；当粒子尺寸参数 $x<-4.0$ 时，散射系数比率随水滴尺寸参数的增大明显减小，且频率越大，变化越明显。并且随着 x 的继续变大，带电水滴和不带电的散射系数比率接近于 0，两者趋于相等。

另外，Rayleigh 散射和 J.Klacka 的 Mie 散射计算的结果吻合得很好，表明本书应用 Rayleigh 散射研究带电水滴的可行性，有效地降低运算量，该方法简单、方便。

依据带电水滴介电常数模型(参见式(5-8)和式(5-23)、式(5-24))，分别计算带电水滴与不带电水滴的散射截面比率和吸收截面比率随尺寸参数 χ 的变化关系。散射截面和吸收截面随粒子尺寸的变化关系分别如图 5-3 和图 5-4 所示。从图中可以看出，带电水滴的散射截面要比不带电的大，并且随着水滴尺寸参数的增加，带电因素的影响逐渐减小并趋于 0；带电水滴的消光截面要比不带电的小，并且随着水滴尺寸参数的增加，带电因素的影响逐渐减小并趋于 0。

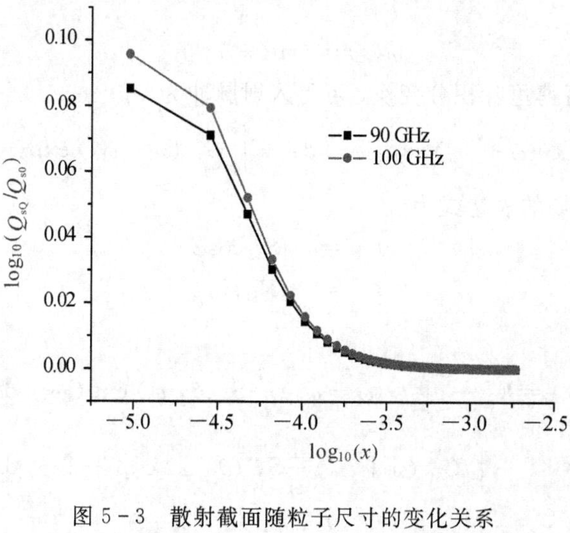

图 5-3　散射截面随粒子尺寸的变化关系

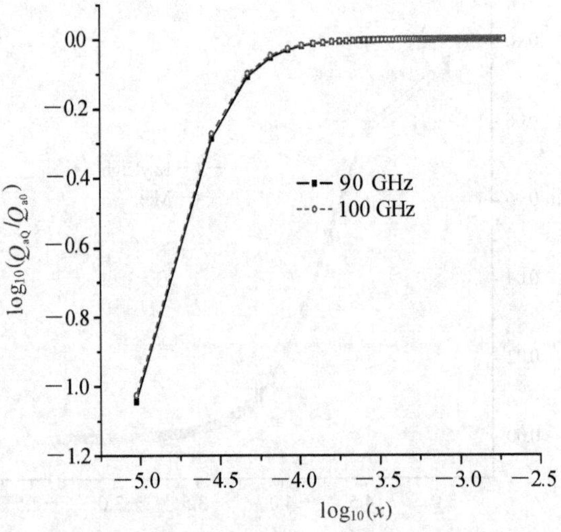

图 5-4　吸收截面随粒子尺寸的变化关系

5.4　球形粒子对脉冲波的散射特性

5.4.1　球形粒子对脉冲波的散射

电磁脉冲波入射到一半径为 a 的球形粒子，其入射场为

$$\boldsymbol{E}_{\mathrm{i}}=\boldsymbol{E}_0 g(\tau)\exp(\mathrm{j}\omega_0\tau) \tag{5-25}$$

式中，$\boldsymbol{E}_{\mathrm{i}}$ 和 $\boldsymbol{E}_0$ 为复电场矢量；$g(\tau)$为脉冲包络；$\exp(\mathrm{j}\omega_0\tau)$为频率 ω_0 的载波；τ 为相位。

脉冲包络的时域表达式为

$$g(t)=\exp\left(-\pi\left(\frac{t}{T}\right)^2\right) \tag{5-26}$$

脉冲波的谱函数为

$$\omega(s)=\exp(-\pi s^2) \tag{5-27}$$

对式(5-25)进行傅里叶积分变换，可得入射脉冲为

$$\boldsymbol{E}_{\mathrm{i}}=\boldsymbol{E}_0\left(\int_0^\infty G(\omega-\omega_0)\exp(\mathrm{j}\omega\tau)\,\mathrm{d}\omega+\int_0^\infty G^*(\omega+\omega_0)\exp(-\mathrm{j}\omega\tau)\,\mathrm{d}\omega\right) \tag{5-28}$$

于是脉冲散射电场的表达式为

$$\boldsymbol{E}_{\mathrm{s}\theta}=-\mathrm{j}\boldsymbol{E}_{\mathrm{s2}}\cos\varphi \tag{5-29}$$

$$\boldsymbol{E}_{\mathrm{s}\varphi}=-\mathrm{j}\boldsymbol{E}_{\mathrm{s1}}\sin\varphi \tag{5-30}$$

式中

$$\begin{aligned}\boldsymbol{E}_{\mathrm{s}k}=\boldsymbol{E}_0\frac{c}{r}\Big[\int_0^\infty & G(\omega-\omega_0)\frac{1}{\omega}S_k(\vartheta,\,\omega)\exp(\mathrm{j}\omega\tau)\,\mathrm{d}\omega\\ &+\int_0^\infty G^*(\omega+\omega_0)\frac{1}{\omega}S_k^*(\vartheta,\,\omega)\exp(-\mathrm{j}\omega\tau)\,\mathrm{d}\omega\\ &k=1,\,2\end{aligned} \tag{5-31}$$

式中，$S_k(\vartheta, \omega)$ 为 Mie 级数展开式。

进一步可将(5 - 31)表示为

$$\boldsymbol{E}_{sk}=\boldsymbol{E}_0\left(\frac{\lambda_0}{r}\right)\left(\frac{1}{2\pi}\right)\times\int_0^{\infty}\omega(s)\left(\frac{l_0}{s+l_0}\right)S_k(\vartheta, s)\exp(\mathrm{j}2\pi\tau s)\,\mathrm{d}s \tag{5-32}$$

5.4.2　脉冲波的散射系数

用 $\boldsymbol{E}_s$、$\boldsymbol{H}_s$ 表述球形粒子的散射场，其电磁辐射强度表示为

$$\boldsymbol{P}=\frac{c}{8\pi}\mathrm{Re}[\boldsymbol{E}_s\cdot\boldsymbol{H}_s^*+\boldsymbol{E}_s\cdot\boldsymbol{H}_s] \tag{5-33}$$

对式(5 - 33)积分，可得散射脉冲的强度为

$$W_s=\frac{c}{8\pi}\int_{-\infty}^{\infty}\mathrm{Re}(\boldsymbol{E}_s\cdot\boldsymbol{H}_s^*)\,\mathrm{d}t \tag{5-34}$$

应用 Parseval 定理，将式(5 - 29)、式(5 - 30)、式(5 - 32)代入式(5 - 34)，则散射脉冲强度可表示为

$$W_s=\frac{cE_0^2}{8\pi}\left(\frac{1}{2\pi}\right)^2\left(\frac{\lambda_0}{r}\right)^2\int_{-\infty}^{\infty}V_0(s)\times(|S_1(\vartheta, s)|^2\sin^2\varphi+|S_2(\vartheta, s)|^2\cos^2\varphi)\,\mathrm{d}s \tag{5-35}$$

式中

$$V_0(s)=\left(\omega(s)\frac{l_0}{s+l_0}\right)^2$$

入射脉冲的能量为

$$W_i=\frac{cE_0^2}{8\pi}\int_{-\infty}^{\infty}\omega^2(s)\,\mathrm{d}s \tag{5-36}$$

因此，球形粒子的脉冲散射、消光和吸收系数分别为

$$Q_{sca}=\frac{1}{2\pi^2u_0}\left(\frac{\lambda_0}{a}\right)^2\sum_{n=1}^{\infty}(2n+1)\times\int_{-\infty}^{\infty}V_0(s)(|a_n(s)|^2+|b_n(s)|^2)\,\mathrm{d}s \tag{5-37}$$

$$Q_{ext}=\frac{1}{2\pi^2u_0}\left(\frac{\lambda_0}{a}\right)^2\sum_{n=1}^{\infty}(2n+1)\times\int_{-\infty}^{\infty}V_0(s)\,\mathrm{Re}(a_n(s)+b_n(s))\,\mathrm{d}s \tag{5-38}$$

$$Q_{back}=\frac{1}{4\pi^2u_0}\left(\frac{\lambda_0}{a}\right)^2\int_{-\infty}^{\infty}V_0(s)\times\left|\sum_{n=1}^{\infty}(2n+1)(-1)^n(a_n(s)-b_n(s))\right|^2\mathrm{d}s \tag{5-39}$$

$$S_{12}(\vartheta)=\int_{-\infty}^{\infty}V_0(s)(|S_2(\vartheta, s)|^2+|S_1(\vartheta, s)|^2)\,\mathrm{d}s \tag{5-40}$$

$$S_{33}(\vartheta)=2\int_{-\infty}^{\infty}V_0(s)\,\mathrm{Re}(S_1(\vartheta, s)S_2^*(\vartheta, s))\,\mathrm{d}s \tag{5-41}$$

$$S_{34}(\vartheta)=-2\int_{-\infty}^{\infty}V_0(s)\,\mathrm{Im}(S_1(\vartheta, s)S_2^*(\vartheta, s))\,\mathrm{d}s \tag{5-42}$$

式中，$u_0=\int_{-\infty}^{\infty}\omega^2(s)\,\mathrm{d}s$ 。

5.4.3 水滴对脉冲的散射计算

考虑水滴为球形粒子，分析水滴对脉冲波的散射特性，主要侧重于研究不同的脉冲宽度对水滴散射特性的影响。选择载波波长 $\lambda_0=0.5\ \mu\text{m}$，与之对应的水的复折射指数为 $n=1.335+\text{j}10^{-9}$，光脉冲的脉冲宽度 $T=3.3\text{fs}$，$l_0=1.98$。对于不同的脉冲宽度，散射系数 Q_{sca}、消光系数 Q_{ext} 随粒子半径(简称粒径)a 的变化关系分别如图 5-5、图 5-6 所示。散射系数随着粒径的增加先达到一个峰值，然后开始振荡。随着脉冲宽度减小，散射系数逐渐变得平缓。

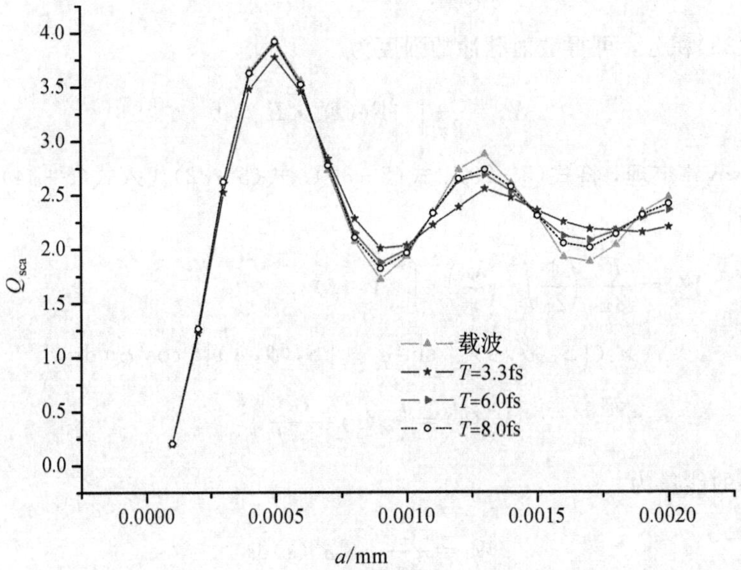

图 5-5 散射系数随粒径的变化关系

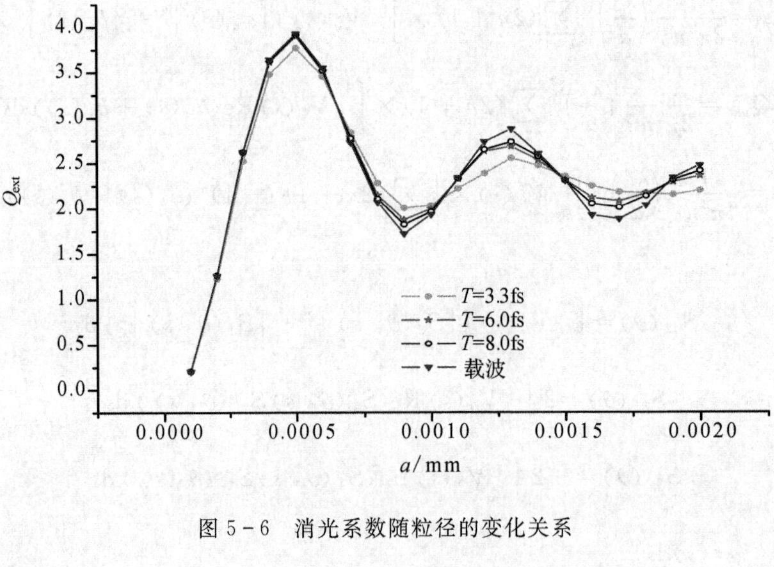

图 5-6 消光系数随粒径的变化关系

如图 5-7 所示，载波的后向散射系数比脉冲的后向散射系数振荡大，且脉冲宽度变大，脉冲的后向散射系数变得越平滑。

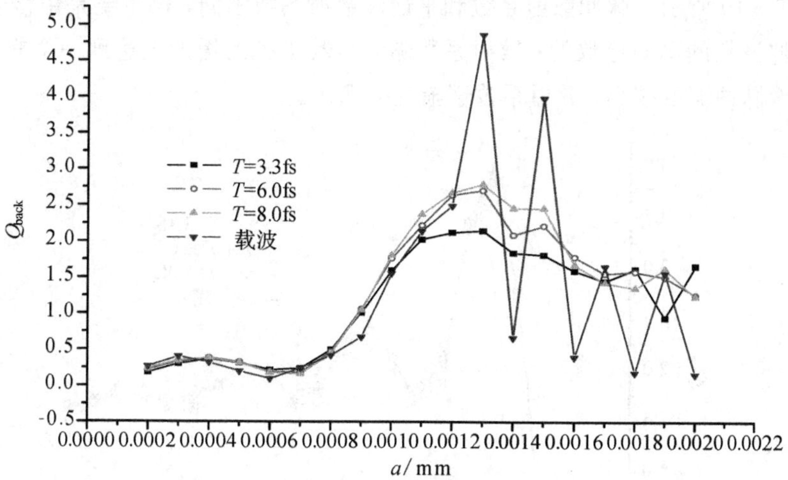

图 5-7　后向散射系数随粒径的变化关系

当粒径为 0.05 μm 时，对相函数中的 S_{11} 进行归一化，即 $S_{11}=S_{11}(\theta)/S_{11}(0)$。不同的脉冲宽度下散射相函数随散射角的变化关系如图 5-8 所示。从图中可以看出，对于同一散射角，脉冲的相函数 S_{11} 总是比载波的小，并且随着 T 的增大，S_{11} 也增大；随着散射角的增大，不同脉冲的 S_{11} 变化明显。

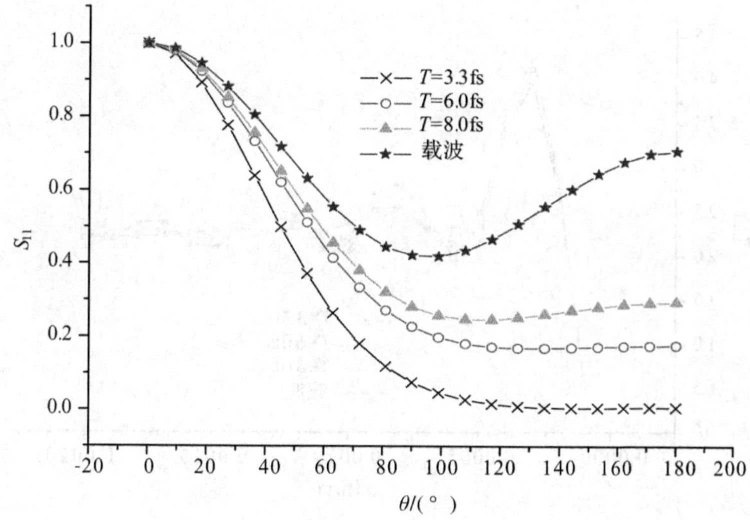

图 5-8　S_{11} 随粒子半径的变化关系

5.4.4　沙尘粒子对脉冲的散射计算

沙尘粒子可近似为球形粒子，本小节分析沙尘粒子对脉冲波的散射特性，选择载波波长 $\lambda_0=0.5\ \mu m$，与之对应的复折射指数为 $n=1.53-j0.008$，光脉冲的脉冲宽度 $T=3.3$ fs，

$l_0=1.98$。

对于不同的脉冲宽度，散射系数 Q_{sca}、消光系数 Q_{ext} 随沙粒半径 a 的变化关系分别如图 5-9、图 5-10 所示。脉冲散射系数和平面波散射系数不同，这主要是由沙尘粒子的粒径尺寸和载波波长的不同导致的；散射系数随着沙粒半径的增加先达到一个峰值，然后开始振荡。随着脉冲宽度减小，散射系数逐渐变得平缓。

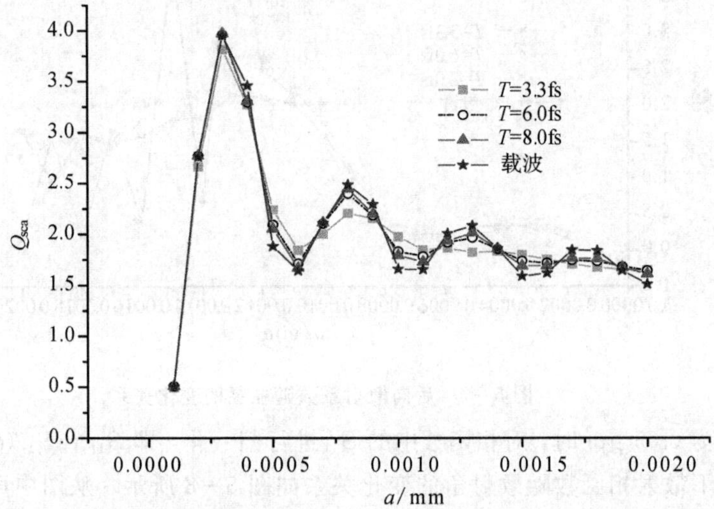

图 5-9　散射系数随沙粒半径的变化关系

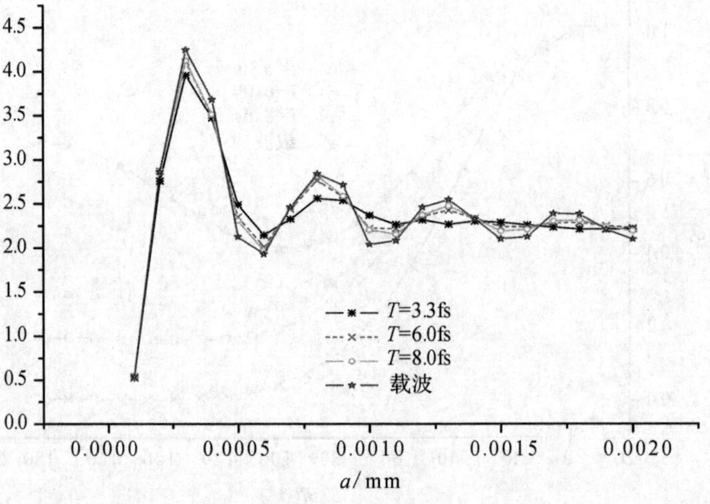

图 5-10　消光系数随沙粒半径的变化关系

从图 5-11 中可以看出，对于同一散射角，脉冲的相函数 S_{11} 总是比载波的小，并且随着 T 的增大，S_{11} 也增大；随着散射角的增大，不同脉冲的 S_{11} 变化明显。

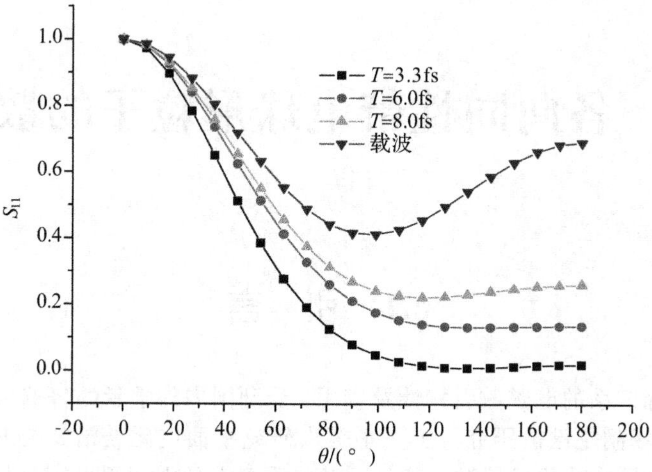

图 5-11　S_{11}随沙粒半径的变化关系

本章小结

本章首先根据带电水滴的等效介电常数，基于毫米波段不带电雨滴 Rayleigh 散射理论研究带电水滴的散射特性，数值计算粒子尺寸参数、电磁波频率对带电水滴的散射截面和吸收截面的影响，并与不带电的水滴的散射截面和吸收截面进行比较，也与 J.Klacka 提出的 Mie 理论计算带电球形粒子散射的方法进行比较。计算结果表明，随着水滴尺寸参数的增加，带电水滴和不带电水滴的消光系数比值增大；当粒子尺寸参数 $x<-4.0$ 时，消光系数、散射系数、散射截面和吸收截面比率随水滴尺寸参数的增大而明显增大，并且随着 x 的继续变大，带电水滴和不带电的消光系数比率接近于 0，即两者趋于相等。说明本书应用 Rayleigh 散射研究带电水滴的可行性，有效地降低运算量，方法简单方便。

其次，依据 Lorentz-Mie 球形粒子对脉冲波的散射理论，研究沙尘粒子和水滴对脉冲波的散射特性，数值计算粒径、脉冲宽度对球形沙尘粒子对脉冲波的消光系数、散射系数、后向散射和散射相函数的影响。计算结果表明，脉冲散射因子和平面波散射因子不同，这主要是由沙尘粒子的粒径尺寸和载波波长的不同导致的；散射系数 Q_{sca}、消光系数 Q_{ext} 随着粒径的增加先达到一个峰值，然后开始振荡，随着脉冲宽度的变小，散射系数和消光系数逐渐变得平缓。由散射角对散射相函数影响的计算结果可以看出，对于同一散射角，脉冲的相函数 S_{11} 总是比载波的小，并且随着 T 的增大，S_{11} 也增大；随着散射角的增大，不同脉冲的 S_{11} 变化明显。

第6章　各向同性带电球形粒子的散射特性

6.1 引　言

研究球形目标体系的电磁散射特性及应用，受到国内外学者的普遍关注。各向同性球形目标的内/外电场问题已被研究。王一平等人研究平面电磁波沿 x 方向极化、z 轴方向传播时，介质球和导体球的目标散射特性；李应乐等人分别利用尺度分析法和曲面坐标系研究了平面电磁波沿 x 方向极化、z 轴方向传播时，椭球目标的电磁散射；韩一平将高斯波束展为球矢量函数，利用 Mie 理论研究高斯波束对双层球形粒子的辐射俘获力；Holler 等人研究了球形粒子群、非敏感蛋白质粒子对高斯激光脉冲的散射、吸收特性。金亚秋等人研究了分层随机球形目标群对平面波和高斯波束的散射特性等。总之，基于各向同性球体目标的有关电磁散射及广泛应用得到重视。

带电粒子的散射在许多领域具有实际意义，对该问题的研究已被国内外学者所关注。Bohren 最先采用分离变量法分析了单个带电球形粒子的散射。何琴淑研究了带电沙尘粒子 Rayleigh 散射和 Mie 散射；同时通过求解给定边界条件下的 Maxwell 方程，给出了带电长椭球粒子对正入射于介质上的电磁波散射特性，讨论了散射强度与粒子参数和面电导率之间的关系。李海英等人对带电尘埃粒子的散射进行了研究。2007 年，J. Klacka 和 M.Kocifaj 研究各向同性带电球形粒子的散射特性，给出了散射系数的解析式。这些研究仅是针对入射波沿球粒子的一个轴传播时的散射特性，未考虑入射波沿任意方向入射到球上的散射问题。

本章首先研究 Rayleigh 近似条件下，各向同性介质球对任意入射、任意极化的平面电磁波的散射特性，给出各向同性介质球的内/外电势，电场解析式及散射振幅，微分散射截面的解析式。在此基础上，重点结合带电球形粒子的边界条件，研究 Rayleigh 近似条件下，各向同性带电球形沙粒对任意入射、任意极化的平面电磁波的散射特性；详细推导带电球形粒子内/外电势，电场的解析式及散射振幅，微分散射截面的表达式，并进行了数值计算和分析。这些为开展各向异性带电球形目标的散射研究奠定了理论基础。

6.2 各向同性介质球对任意入射平面电磁波的 Rayleigh 散射

6.2.1 球内/外电势及电场

设有一介质球，它的半径 R_0 比电磁波的波长小得多，该介质球位于坐标系的坐标原点，其介电常数为 ε_s。将该介质球放置于介电常数为 ε_0 的介质中，且受到大小为 E_0、方位为(θ_0, φ_0)的外电场作用，如图 6-1 所示。

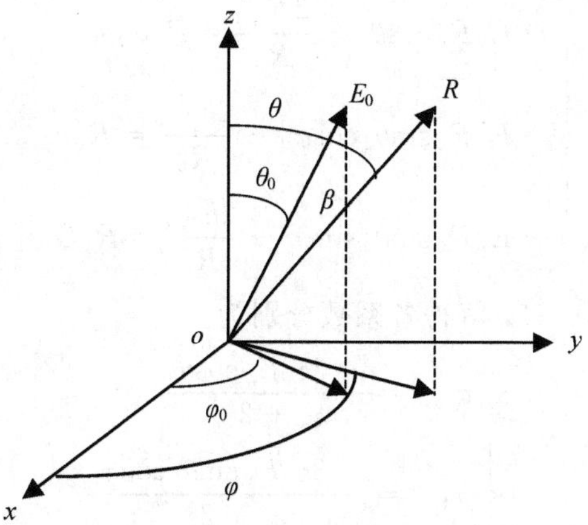

图 6-1　方位与外电场的关系

由于介质球的半径远小于电磁波的波长，因此在介质球的尺寸内，电磁场的变化可以忽略不计。也就是说，介质球内部的电场可以用静电场来近似表示。于是，可设介质球内、外的电势分别为 u_1 和 u_2，其表达式分别为

$$u_1=\sum_{n=0}^{\infty}\sum_{m=0}^{\infty}a_{m,n}R^nP_n^m(\cos\theta)\cos m\varphi+\sum_{n=0}^{\infty}\sum_{m=0}^{\infty}C_{m,n}R^nP_n^m(\cos\theta)\sin m\varphi \tag{6-1}$$

$$u_2=\sum_{n=0}^{\infty}\sum_{m=0}^{\infty}(e_{m,n}R^n+\frac{f_{m,n}}{R^{n+1}})P_n^m(\cos\theta)\cos m\varphi+\sum_{n=0}^{\infty}\sum_{m=0}^{\infty}\left(g_{m,n}R^n+\frac{h_{m,n}}{R^{n+1}}\right)P_n^m(\cos\theta)\sin m\varphi \tag{6-2}$$

边界条件为

当 $R\to\infty$ 时，

$$u_1=-RE_0\cos\beta=-RE_0(\sin\theta\sin\theta_0\cos(\varphi-\varphi_0)+\cos\theta\cos\theta_0) \tag{6-3}$$

当 $R=R_0$ 时，

$$u_1=u_2 \tag{6-4}$$

$$\varepsilon_s\frac{\partial u_1}{\partial R}=\varepsilon_0\frac{\partial u_2}{\partial R} \tag{6-5}$$

利用边界条件式(6-3)，介质球外电势可表示为

$$u_2=-RE_0(\sin\theta\sin\theta_0\cos(\varphi-\varphi_0)+\cos\theta\cos\theta_0)$$
$$+\sum_{n=0}^{\infty}\sum_{m=0}^{\infty}\left(e_{m,n}R^n+\frac{f_{m,n}}{R^{n+1}}\right)P_n^m(\cos\theta)\cos m\varphi+\sum_{n=0}^{\infty}\sum_{m=0}^{\infty}\left(g_{m,n}R^n+\frac{h_{m,n}}{R^{n+1}}\right)P_n^m(\cos\theta)\sin m\varphi \tag{6-6}$$

利用边界条件式(6-4)、式(6-5)和连带勒让德函数的特性(即 $m=0$，$P_l^0(x)=P_l(x)$；$m=1$，$P_1^1(x)=\cos\theta$)，比较同类项系数可得下列关系式：

$$\begin{cases}\varepsilon_0(-E_0\cos\theta_0)-\dfrac{2f_{0,1}}{R_0^3}=\varepsilon_s a_{0,1}\\ \varepsilon_0(-E_0\sin\theta_0\cos\varphi_0)-\dfrac{2f_{1,1}}{R_0^3}=\varepsilon_s a_{1,1}\\ \varepsilon_0(-E_0\sin\theta_0\sin\varphi_0)-\dfrac{2h_{1,1}}{R_0^3}=\varepsilon_s C_{1,1}\end{cases} \tag{6-7}$$

$$\begin{cases} -E_0R_0\cos\theta_0-\dfrac{2f_{0,1}}{R_0^3}=R_0a_{0,1} \\ -E_0R_0\sin\theta_0\cos\varphi_0-\dfrac{2f_{1,1}}{R_0^3}=R_0a_{1,1} \\ -E_0R_0\sin\theta_0\sin\varphi_0-\dfrac{2h_{1,1}}{R_0^3}=R_0C_{1,1} \end{cases} \tag{6-8}$$

联立式(6-7)和式(6-8)，解得各系数分别为

$$\begin{cases} a_{0,1}=\dfrac{-3\varepsilon_0E_0\cos\theta_0}{\varepsilon_s+2\varepsilon_0} \\ a_{1,1}=\dfrac{-3\varepsilon_0E_0\sin\theta_0\cos\varphi_0}{\varepsilon_s+2\varepsilon_0} \\ C_{1,1}=\dfrac{-3\varepsilon_0E_0\sin\theta_0\sin\varphi_0}{\varepsilon_s+2\varepsilon_0} \end{cases} \tag{6-9}$$

$$(a_{m,n}=0,\ m\neq 0,1,\ n\neq 1;\ C_{m,n}=0,\ m\neq 1,\ n\neq 1)$$

$$\begin{cases} f_{0,1}=\dfrac{\varepsilon_s-\varepsilon_0}{\varepsilon_s+2\varepsilon_0}E_0R_0^3\cos\theta_0 \\ f_{1,1}=\dfrac{\varepsilon_s-\varepsilon_0}{\varepsilon_s+2\varepsilon_0}E_0R_0^3\sin\theta_0\cos\varphi_0 \\ h_{1,1}=\dfrac{\varepsilon_s-\varepsilon_0}{\varepsilon_s+2\varepsilon_0}E_0R_0^3\sin\theta_0\sin\varphi_0 \end{cases} \tag{6-10}$$

$$(f_{m,n}=0,\ m\neq 0,1,\ n\neq 1;\ h_{m,n}=0,\ m\neq 1,\ n\neq 1)$$

于是将式(6-9)和式(6-10)的系数分别代入到式(6-1)和式(6-2)中，得到电势解为

$$u_1=\frac{-3\varepsilon_0E_0\cos\theta_0}{\varepsilon_s+2\varepsilon_0}R\cos\theta+\frac{-3\varepsilon_0E_0\sin\theta_0\cos\varphi_0}{\varepsilon_s+2\varepsilon_0}R\sin\theta\cos\varphi+\frac{-3\varepsilon_0E_0\sin\theta_0\sin\varphi_0}{\varepsilon_s+2\varepsilon_0}R\sin\theta\sin\varphi \tag{6-11}$$

$$u_2=AR\cos\theta+BR\sin\theta\cos\varphi+DR\sin\theta\sin\varphi+\frac{AR_0^3}{R^2}\cdot\frac{\varepsilon_s-\varepsilon_0}{\varepsilon_s+2\varepsilon_0}\cos\theta+\frac{BR_0^3}{R^2}\cdot\frac{\varepsilon_s-\varepsilon_0}{\varepsilon_s+2\varepsilon_0}\sin\theta\cos\varphi+\frac{DR_0^3}{R^2}\cdot\frac{\varepsilon_s-\varepsilon_0}{\varepsilon_s+2\varepsilon_0}\sin\theta\sin\varphi \tag{6-12}$$

式中，$A=-E_0\cos\theta_0$，$B=-E_0\sin\theta_0\cos\varphi_0$，$D=-E_0\sin\theta_0\sin\varphi_0$。

对于介质球内、外电势 u_1 和 u_2，当 $\theta_0=\varphi_0=0$ 时，外电场在 z 轴方向上，$B=D=0$，于是该问题变为研究沿 z 轴取向、均匀的平行外电场 E_0 作用下，介质球的电势分布情况，可得

$$u_1=\frac{-3\varepsilon_0E_0}{\varepsilon_s+2\varepsilon_0}R\cos\theta \tag{6-13}$$

$$u_2=-E_0R\cos\theta+\frac{E_0R_0^3}{R^2}\cdot\frac{\varepsilon_s-\varepsilon_0}{\varepsilon_s+2\varepsilon_0}\cos\theta \tag{6-14}$$

上述结果与 Stratton 等人给出的结论完全一致，这表明已有的结论是式(6-11)、式(6-12)解的一种特殊情况，说明式(6-11)和式(6-12)的正确性。

根据电场强度和电势的关系 $\boldsymbol{E}_{\text{in}}=-\nabla u_1$，以及球坐标与直角坐标系的转化关系：

$$\hat{\boldsymbol{x}}=\hat{\boldsymbol{e}}_r\sin\theta\cos\varphi+\hat{\boldsymbol{e}}_\theta\cos\theta\cos\varphi+\hat{\boldsymbol{e}}_\varphi\sin\varphi$$

$$\hat{\boldsymbol{y}}=\hat{\boldsymbol{e}}_r\sin\theta\sin\varphi+\hat{\boldsymbol{e}}_\theta\cos\theta\sin\varphi+\hat{\boldsymbol{e}}_\varphi\cos\varphi$$

$$\hat{\boldsymbol{z}}=\hat{\boldsymbol{e}}_r\cos\theta-\hat{\boldsymbol{e}}_\theta\sin\theta$$

式中，$\hat{\boldsymbol{z}}$、$\hat{\boldsymbol{x}}$、$\hat{\boldsymbol{y}}$ 分别为直角坐标系中 z、x、y 方向的单位矢量；$\hat{\boldsymbol{e}}_r$、$\hat{\boldsymbol{e}}_\theta$、$\hat{\boldsymbol{e}}_\varphi$ 分别为球坐标系中 r、θ、φ 方向的单位矢量。

于是，介质球内电场为

$$\begin{aligned}\boldsymbol{E}_{\text{in}}&=\frac{3\varepsilon_0E_0\cos\theta_0}{\varepsilon_s+2\varepsilon_0}(\hat{\boldsymbol{e}}_r\cos\theta-\hat{\boldsymbol{e}}_\theta\sin\theta)+\frac{3\varepsilon_0E_0\sin\theta_0\cos\varphi_0}{\varepsilon_s+2\varepsilon_0}(\hat{\boldsymbol{e}}_r\sin\theta\cos\varphi+\hat{\boldsymbol{e}}_\theta\cos\theta\cos\varphi-\hat{\boldsymbol{e}}_\varphi\sin\varphi)\\&\quad+\frac{3\varepsilon_0E_0\sin\theta_0\sin\varphi_0}{\varepsilon_s+2\varepsilon_0}(\hat{\boldsymbol{e}}_r\sin\theta\sin\varphi+\hat{\boldsymbol{e}}_\theta\cos\theta\sin\varphi+\hat{\boldsymbol{e}}_\varphi\cos\varphi)\\&=\frac{3\varepsilon_0E_0\cos\theta_0}{\varepsilon_s+2\varepsilon_0}\hat{\boldsymbol{z}}+\frac{3\varepsilon_0E_0\sin\theta_0\cos\varphi_0}{\varepsilon_s+2\varepsilon_0}\hat{\boldsymbol{x}}+\frac{3\varepsilon_0E_0\sin\theta_0\sin\varphi_0}{\varepsilon_s+2\varepsilon_0}\hat{\boldsymbol{y}}\end{aligned}\tag{6-15}$$

6.2.2　散射振幅和散射截面

为方便计算，令 $\boldsymbol{E}_{\text{in}}=E_2\hat{\boldsymbol{y}}+E_1\hat{\boldsymbol{x}}+E_3\hat{\boldsymbol{z}}$，利用粒子散射的研究方法可以得出球形粒子的散射场为

$$\boldsymbol{E}_s=\boldsymbol{f}(\hat{\boldsymbol{i}},\hat{\boldsymbol{r}})\frac{\exp(\mathrm{j}kr)}{r}\tag{6-16}$$

$$\boldsymbol{f}(\hat{\boldsymbol{i}},\hat{\boldsymbol{r}})=\frac{k^2}{4\pi}\int_{V'}(-\hat{\boldsymbol{r}}\times(\hat{\boldsymbol{r}}\times\boldsymbol{E}(\boldsymbol{r}')))(\varepsilon_r(\boldsymbol{r}')-1)\exp(-\mathrm{j}k\boldsymbol{r}'\cdot\hat{\boldsymbol{r}})\mathrm{d}V'\tag{6-17}$$

式中，$\boldsymbol{f}(\hat{\boldsymbol{i}},\hat{\boldsymbol{r}})$ 为散射振幅矢量；$\boldsymbol{E}(\boldsymbol{r}')$ 为球形粒子内部的电场。将式(6-15)代入式(6-17)中，可得

$$\boldsymbol{f}(\hat{\boldsymbol{i}},\hat{\boldsymbol{r}})=\frac{k^2}{4\pi}\int_{V'}(-\hat{\boldsymbol{r}}\times(\hat{\boldsymbol{r}}\times(E_2\hat{\boldsymbol{y}}+E_1\hat{\boldsymbol{x}}+E_3\hat{\boldsymbol{z}})))(\varepsilon_r(\boldsymbol{r}'-1))\exp(-\mathrm{j}k\boldsymbol{r}'\cdot\hat{\boldsymbol{r}})\mathrm{d}V'\tag{6-18}$$

对于瑞利分布散射，其散射振幅可表示为

$$\boldsymbol{f}(\hat{\boldsymbol{i}},\hat{\boldsymbol{r}})=\frac{k^2V}{4\pi}(-\hat{\boldsymbol{r}}\times(\hat{\boldsymbol{r}}\times(E_2\hat{\boldsymbol{y}}+E_1\hat{\boldsymbol{x}}+E_3\hat{\boldsymbol{z}})))\tag{6-19}$$

式中，V 为球形粒子的体积；$\hat{\boldsymbol{i}}$、$\hat{\boldsymbol{r}}$ 分别入射电场方向和散射方向的单位矢量。令

$$\hat{\boldsymbol{r}}=\hat{\boldsymbol{x}}\sin\theta\cos\varphi+\hat{\boldsymbol{y}}\sin\theta\sin\varphi+\hat{\boldsymbol{z}}\cos\theta=r_x\hat{\boldsymbol{x}}+r_y\hat{\boldsymbol{y}}+r_z\hat{\boldsymbol{z}}$$

于是该散射振幅为

$$\boldsymbol{f}(\hat{\boldsymbol{i}},\hat{\boldsymbol{r}})=\frac{k^2V}{4\pi}(\varepsilon_r-1)((E_2\hat{\boldsymbol{y}}+E_1\hat{\boldsymbol{x}}+E_3\hat{\boldsymbol{z}})-\hat{\boldsymbol{r}}(E_2r_y+E_1r_x+E_3r_z))\tag{6-20}$$

球形粒子的微分散射截面定义如下：

$$\sigma_{\mathrm{d}}(\hat{\boldsymbol{i}},\hat{\boldsymbol{r}})=\lim_{R\to\infty}\left(\frac{R^2S_s}{S_i}\right)=|\boldsymbol{f}(\hat{\boldsymbol{i}},\hat{\boldsymbol{r}})|^2\tag{6-21}$$

于是，球形粒子的微分散射截面为

$$\sigma_{\mathrm{d}}=\frac{k^4V^2}{(4\pi)^2}\left|\frac{(\varepsilon_r-1)}{\varepsilon_r+2}\right|^2\Big(|E_1(1-r_x^2)-r_xr_yE_2-r_xr_zE_3|^2+|E_2(1-r_y^2)-r_xr_yE_1r_yr_zE_3|^2$$
$$+|E_3(1-r_z^2)-r_xr_zE_1-r_yr_zE_2|^2\Big) \tag{6-22}$$

由式(6-22)可以看出，微分散射截面由两部分构成，第一部分与入射波的方向有关；第二部分不仅与入射波有关，而且还与观察方位有关。进一步整理式(6-22)可得

$$\sigma_{\mathrm{d}}=\frac{k^4V^2}{(4\pi)^2}\left|\frac{3(\varepsilon_r-1)}{\varepsilon_r+2}\right|^2\Big(B^2(1-r_x^2)+D^2(1-r_y^2)+A^2(1-r_z^2)$$
$$-2BDr_xr_y-2ABr_xr_z-2ADr_yr_z\Big) \tag{6-23}$$

当入射电场在 x 轴正向时，$B=D=0$，$A=E_0$，于是，微分散射截面可表示为

$$\sigma_{\mathrm{d}}(\hat{\boldsymbol{i}},\hat{\boldsymbol{r}})=\frac{k^4}{(4\pi)^2}\left|\frac{3E_0(\varepsilon_r-1)}{\varepsilon_r+2}\right|^2V^2\sin^2\theta \tag{6-24}$$

式(6-24)的结论和 Ishimaru 给出的结果完全一致，这表明已有的结论是式(6-22)的一种特殊情况，说明了式(6-23)的正确性。

6.2.3 数值计算与结果讨论

由式(6-15)可以看出，对于各向同性介质球，某一方向上的电场只与该方向上的介电常数和电场强度有关，这与力的独立作用原理相一致。根据式(6-15)，计算该介质球内电场随介电常数和入射电场方位的变化关系，如图 6-2 所示。图 6-2 表明，在入射电场方位给定的情况下，当介电常数增大时，该介质球内电场的大小将减小。

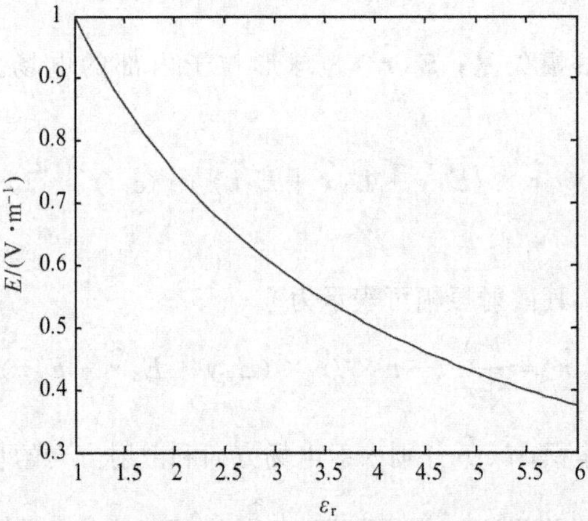

图 6-2　介质球内电场与介电常数的关系

根据式(6-23)计算该介质球的微分散射截面，参数选择为：电磁波的频率为20 GHz，介质球半径为 3 mm。图 6-3 所示是微分散射截面随观察方位的变化关系，从图中可以看出，当入射电场方位角为(90°, 90°)时，微分散射随 θ 角敏感变化；当观察角接近于 0 或 180°时，散射最强；θ 接近于 90°时，散射最弱；φ 方向上表现出周期性，这是由于在瑞利分布近似下，介质球的散射和偶极辐射类似。

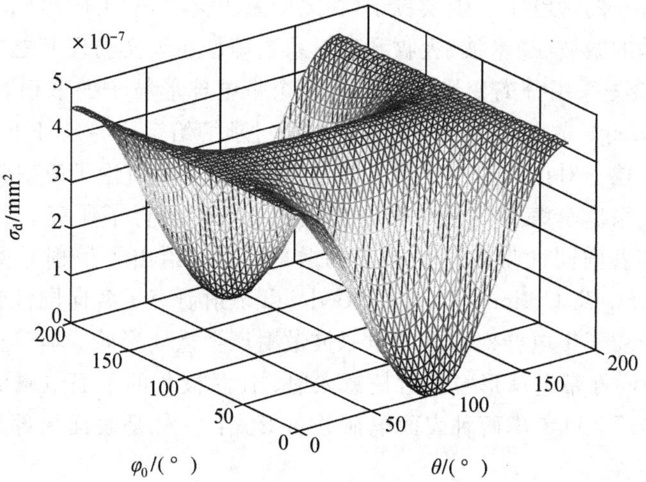

图 6-3　微分散射截面与观察方位的关系

由式(6-16)和式(6-17)可知，当外电场方向沿轴方向时，散射最强，这是由于激发散射场的源与入射电场之间成正比关系，而当外电场方向沿轴方向时，入射电场最强，因而散射效应最强。图 6-4 所示为微分散射截面随入射方位角的变化关系，从图中可以看出，微分散射随 θ_0、φ_0 敏感变化，即入射波的极化状态对散射有较大的影响。

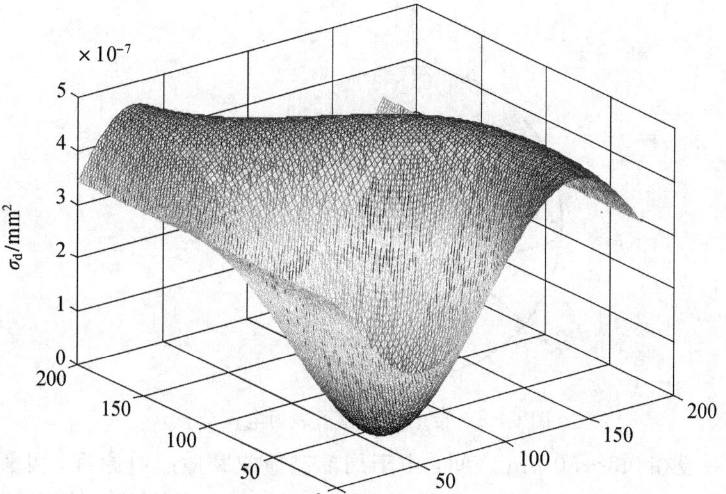

图 6-4　微分散射截面随入射波极化角的关系

6.3 各向同性带电球形粒子对任意入射平面电磁波的 Rayleigh 散射

在前面的分析中可知，我们所讨论的沙尘、水滴等均是不带电的粒子，但自然界中实际存在的粒子却有很多是带电的，如海洋浪花中形成的水滴、雷暴中形成的冰晶、尘埃等都有可能带电。因此研究带电粒子的散射在许多领域具有实际意义，例如，可以修正作用于非常小的纳米尺寸的带电宇宙尘埃粒子(在太阳系中会出现)上的电磁力，分析地球大气中带电水滴和冰晶的微波(毫米波)吸收和散射系数等。在天文物理问题中，粒子带电也会有影响。Bohren 最先采用分离变量法分析了单个带电球形粒子的散射。何琴淑研究了带电沙尘粒子的 Rayleigh 散射和 Mie 散射；同时通过求解给定边界条件下的 Maxwell 方程，给出了带电长椭球粒子对正入射于介质上的电磁波的散射，讨论了散射强度与粒子参数和面电导率之间的关系。李海英等人对带电尘埃粒子散射进行了研究。2007 年，J. Klacka 和 M. Kocifaj 研究各向同性带电球形粒子的散射特性，给出了散射系数的解析式；2010 年，A. Heifetz 和 H. T. CHien 等人应用 Rayleigh 散射研究了各向同性带电雨滴对毫米波的散射特性。由于粒子带电会对粒子的电磁波散射产生重要影响，本节重点研究 Rayleigh 近似条件下，各向同性带电球形粒子对任意入射、任意极化的平面电磁波的散射。对于各向同性带电球形粒子，可考虑两种表面电荷分布形式：一种是表面局部均匀分布；另一种是表面非均匀分布。

6.3.1 局部均匀带电球形粒子内/外电势及电场

设有半径为 R_0、带电量为 Q 的带电沙粒(看做带电球形粒子)，其半径比波长小得多，该带电沙粒位于坐标系的坐标原点。将该带电沙粒放置于介电常数为 ε_0 的介质中，且受到大小为 E_0、方位为(θ_0, φ_0)的外电场的作用，如图 6-5 所示。

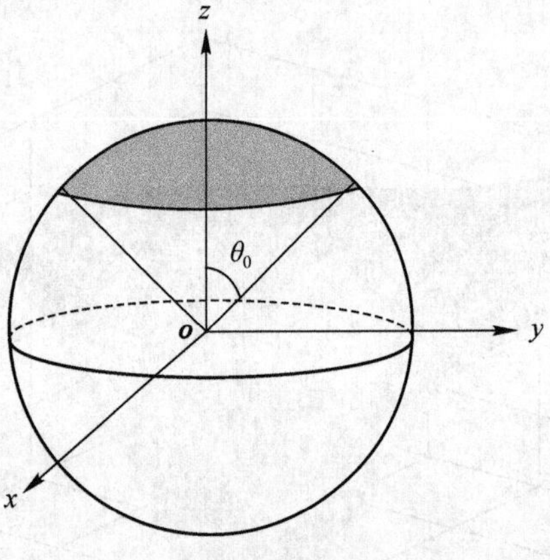

图 6-5　带电球形粒子表面电荷分布

沙粒半径一般在 0.5～50 μm 之间，由于局部碰撞或摩擦起电原理，可假设其上所带电荷分布是在表面的局部区域，因此，为简单起见，可假设沙粒所带电荷在其表面是局部均匀分布的，且受到大小为 E_0、方位为(θ_0, φ_0)的外电场作用。由于在实际中沙粒表面电荷最可能为球冠分布，因此

$$f(\theta, \varphi) = f(\theta) = H(\theta_0 - \theta), \quad (0 < \theta < \pi)$$

于是，设带电球形粒子内、外电势分别为 u_1 和 u_2，其表达式与式(6-1)和式(6-2)形式相同，即

$$u_1 = \sum_{n=0}^{\infty}\sum_{m=0}^{\infty} a_{m,n} R^n P_n^m(\cos\theta)\cos m\varphi + \sum_{n=0}^{\infty}\sum_{m=0}^{\infty} C_{m,n} R^n P_n^m(\cos\theta)\sin m\varphi$$

$$u_2 = \sum_{n=0}^{\infty}\sum_{m=0}^{\infty}\left(e_{m,n}R^n + \frac{f_{m,n}}{R^{n+1}}\right)P_n^m(\cos\theta)\cos m\varphi + \sum_{n=0}^{\infty}\sum_{m=0}^{\infty}\left(g_{m,n}R^n + \frac{h_{m,n}}{R^{n+1}}\right)P_n^m(\cos\theta)\sin m\varphi$$

其边界条件为

当 $R\to\infty$时，

$$u_1=-RE_0\cos\beta=-RE_0(\sin\theta\sin\theta_0\cos(\varphi-\varphi_0)+\cos\theta\cos\theta_0) \tag{6-25}$$

当 $R=R_0$ 时，

$$u_1=u_2 \tag{6-26}$$

$$\varepsilon_s\frac{\partial u_1}{\partial R}-\varepsilon_0\frac{\partial u_2}{\partial R}=\sigma f(\theta) \tag{6-27}$$

式中，σ 为带电球形粒子的面电荷密度。

于是，比较同类项系数，解得各系数分别为

$$\begin{cases} a_{0,0}=\dfrac{\sigma R_0 H(\theta_0-\theta)}{\varepsilon_0} \\ a_{0,1}=\dfrac{-3\varepsilon_0 E_0\cos\theta_0}{\varepsilon_s+2\varepsilon_0} \\ a_{1,1}=\dfrac{-3\varepsilon_0 E_0\sin\theta_0\cos\varphi_0}{\varepsilon_s+2\varepsilon_0} \\ C_{1,1}=\dfrac{-3\varepsilon_0 E_0\sin\theta_0\sin\varphi_0}{\varepsilon_s+2\varepsilon_0} \end{cases} \tag{6-28}$$

$$(a_{m,n}=0,\ m\neq 0,\ 1,\ n\geqslant 2;\ C_{m,n}=0,\ m\neq 1,\ n\neq 1)$$

$$\begin{cases} f_{0,0}=\dfrac{\sigma R_0^2 H(\theta_0-\theta)}{\varepsilon_0} \\ f_{0,1}=\dfrac{\varepsilon_s-\varepsilon_0}{\varepsilon_s+2\varepsilon_0}E_0R_0^3\cos\theta_0 \\ f_{1,1}=\dfrac{\varepsilon_s-\varepsilon_0}{\varepsilon_s+2\varepsilon_0}E_0R_0^3\sin\theta_0\cos\varphi_0 \\ h_{1,1}=\dfrac{\varepsilon_s-\varepsilon_0}{\varepsilon_s+2\varepsilon_0}E_0R_0^3\sin\theta_0\sin\varphi_0 \end{cases} \tag{6-29}$$

$$(f_{m,n}=0,\ m\neq 0,\ 1,\ n\geqslant 2;\ h_{m,n}=0,\ m\neq 1,\ n\neq 1)$$

将式(6-28)和式(6-29)的系数代入到式(6-1)和式(6-2)中，得到电势解为

$$\begin{aligned} u_1=&\frac{\sigma R_0 H(\theta_0-\theta)}{\varepsilon_0}+\frac{-3\varepsilon_0 E_0\cos\theta_0}{\varepsilon_s+2\varepsilon_0}R\cos\theta+\frac{-3\varepsilon_0 E_0\sin\theta_0\cos\varphi_0}{\varepsilon_s+2\varepsilon_0}R\sin\theta\cos\varphi \\ &+\frac{-3\varepsilon_0 E_0\sin\theta_0\sin\varphi_0}{\varepsilon_s+2\varepsilon_0}R\sin\theta\sin\varphi \end{aligned} \tag{6-30}$$

$$\begin{aligned} u_2=&\frac{f_{0,0}}{R}AR\cos\theta+BR\sin\theta\cos\varphi+DR\sin\theta\sin\varphi+\frac{AR_0^3}{R^2}\cdot\frac{\varepsilon_s-\varepsilon_0}{\varepsilon_s+2\varepsilon_0}\cos\theta \\ &+\frac{BR_0^3}{R^2}\cdot\frac{\varepsilon_s-\varepsilon_0}{\varepsilon_s+2\varepsilon_0}\sin\theta\cos\varphi+\frac{DR_0^3}{R^2}\cdot\frac{\varepsilon_s-\varepsilon_0}{\varepsilon_s+2\varepsilon_0}\sin\theta\sin\varphi \end{aligned} \tag{6-31}$$

式中，$A=-E_0\cos\theta_0$，$B=-E_0\sin\theta_0\cos\varphi_0$，$D=-E_0\sin\theta_0\sin\varphi_0$。

对于带电球形粒子球内、外电势 u_1 和 u_2，当 $\theta_0=\varphi_0=0$ 时，外电场在 z 轴方向上，$B=D=0$，于是该研究问题变为沿 z 轴取向、均匀的平行外电场 E_0 作用下，带电球形粒子球的电势分布情况，可得

$$u_1=\frac{\sigma R_0 H(\theta_0-\theta)}{\varepsilon_0}+\frac{-3\varepsilon_0 E_0\cos\theta_0}{\varepsilon_s+2\varepsilon_0}R\cos\theta \tag{6-32}$$

$$u_2=\frac{\sigma R_0^2 H(\theta_0-\theta)}{R\varepsilon_0}-E_0 R\cos\theta+\frac{E_0 R_0^3}{R^2}\cdot\frac{\varepsilon_s-\varepsilon_0}{\varepsilon_s+2\varepsilon_0}\cos\theta \tag{6-33}$$

上述结果与何琴淑等人给出的结论完全一致，这表明已有的结论是本节式(6-30)、式(6-31)的一种特殊情况，说明式(6-30)和式(6-31)的正确性。

根据电场强度和电势的关系 $\boldsymbol{E}_{\text{in}}=-\nabla u_1$，以及球坐标与直角坐标系的转化关系，于是，带电球形粒子球内电场为

$$\boldsymbol{E}_{\text{in}}=\frac{3\varepsilon_0 E_0\cos\theta_0}{\varepsilon_s+2\varepsilon_0}\hat{\boldsymbol{z}}+\frac{3\varepsilon_0 E_0\sin\theta_0\cos\varphi_0}{\varepsilon_s+2\varepsilon_0}\hat{\boldsymbol{x}}+\frac{3\varepsilon_0 E_0\sin\theta_0\sin\varphi_0}{\varepsilon_s+2\varepsilon_0}\hat{\boldsymbol{y}}+\frac{\sigma R_0}{R\varepsilon_0}\delta(-\theta_0'-\theta)\hat{\boldsymbol{\theta}} \tag{6-34}$$

现将上述解中的 z 轴还原为实际的 x 轴，则 $\hat{\boldsymbol{z}}$ 变为 $\hat{\boldsymbol{x}}$，θ_0'变为$\frac{\pi}{2}\pm\theta$，若该角度是沿 x 方向顺时针旋转则取＋；反之则取－。而 δ 函数为偶函数，则内电场表达式为

$$\boldsymbol{E}_{\text{in}}=\frac{3\varepsilon_0 E_0\cos\theta_0}{\varepsilon_s+2\varepsilon_0}\hat{\boldsymbol{x}}+\frac{3\varepsilon_0 E_0\sin\theta_0\cos\varphi_0}{\varepsilon_s+2\varepsilon_0}\hat{\boldsymbol{y}}+\frac{3\varepsilon_0 E_0\sin\theta_0\sin\varphi_0}{\varepsilon_s+2\varepsilon_0}\hat{\boldsymbol{z}}+\frac{\sigma R_0}{R\varepsilon_0}\delta(-\theta_0'-\theta)\hat{\boldsymbol{\theta}} \tag{6-35}$$

在球坐标系中，电场的表达式为

$$\begin{aligned}\boldsymbol{E}_{\text{in}}=&\frac{3\varepsilon_0 E_0\cos\theta_0}{\varepsilon_s+2\varepsilon_0}(\hat{\boldsymbol{e}}_r\sin\theta\cos\varphi+\hat{\boldsymbol{e}}_\theta\cos\theta\cos\varphi-\hat{\boldsymbol{e}}_\varphi\sin\varphi)+\frac{3\varepsilon_0 E_0\sin\theta_0\cos\varphi_0}{\varepsilon_s+2\varepsilon_0}(\hat{\boldsymbol{e}}_r\sin\theta\sin\varphi\\&+\hat{\boldsymbol{e}}_\theta\cos\theta\sin\varphi+\hat{\boldsymbol{e}}_\varphi\cos\varphi)+\frac{3\varepsilon_0 E_0\sin\theta_0\sin\varphi_0}{\varepsilon_s+2\varepsilon_0}(\hat{\boldsymbol{e}}_r\cos\theta-\hat{\boldsymbol{e}}_\theta\sin\theta)+\frac{\sigma R_0}{R\varepsilon_0}\delta(-\theta_0'-\theta)\hat{\boldsymbol{\theta}}\end{aligned} \tag{6-36}$$

6.3.2 局部均匀带电球形粒子的散射特性

为方便计算，令 $A_0=E_0\cos\theta_0$，$B_0=E_0\sin\theta_0\cos\varphi_0$，$D_0=E_0\sin\theta_0\sin\varphi_0$，于是可得出带电球形粒子的散射场和散射振幅的表达式分别为

$$\boldsymbol{E}_s=\boldsymbol{f}(\hat{\boldsymbol{i}},\hat{\boldsymbol{r}})\frac{\exp(\mathrm{j}kr)}{r} \tag{6-37}$$

$$\boldsymbol{f}(\hat{\boldsymbol{i}},\hat{\boldsymbol{r}})=\frac{k^2}{4\pi}\int_{V'}(-\hat{\boldsymbol{r}}\times(\hat{\boldsymbol{r}}\times\boldsymbol{E}(\boldsymbol{r}')))(\varepsilon_r(\boldsymbol{r}')-1)\exp(-\mathrm{j}k\boldsymbol{r}'\cdot\hat{\boldsymbol{r}})\mathrm{d}V' \tag{6-38}$$

将式(6-36)代入式(6-38)中，对于 Rayleigh 散射，其散射振幅可表示为

$$\begin{aligned}\boldsymbol{f}(\hat{\boldsymbol{i}},\hat{\boldsymbol{r}})=&\frac{k^2V}{4\pi}(-\hat{\boldsymbol{r}}\times(\hat{\boldsymbol{r}}\times(A_0(\hat{\boldsymbol{e}}_r\sin\theta\cos\varphi+\hat{\boldsymbol{e}}_\theta\cos\theta\cos\varphi-\hat{\boldsymbol{e}}_\varphi\sin\varphi)\\&+B_0(\hat{\boldsymbol{e}}_r\sin\theta\sin\varphi+\hat{\boldsymbol{e}}_\theta\cos\theta\sin\varphi+\hat{\boldsymbol{e}}_\varphi\cos\varphi)+D_0(\hat{\boldsymbol{e}}_r\cos\theta-\hat{\boldsymbol{e}}_\varphi\sin\theta))))\\&+\frac{k^2}{4\pi}(\varepsilon_r(\boldsymbol{r}')-1)\int_{V'}\left(-\hat{\boldsymbol{r}}\times\left(\hat{\boldsymbol{r}}\times\left(\frac{\sigma R_0}{R\varepsilon_0}\delta(-\theta_0'-\theta)\hat{\boldsymbol{\theta}}\right)\right)\right)\exp(-\mathrm{j}k\boldsymbol{r}'\cdot\hat{\boldsymbol{r}})\mathrm{d}V'\end{aligned} \tag{6-39}$$

式中，V 为带电球形粒子的体积；$\hat{\boldsymbol{i}}$、$\hat{\boldsymbol{r}}$ 分别为入射电场方向和散射方向的单位矢量。

于是散射振幅为

$$f(\hat{\boldsymbol{i}},\hat{\boldsymbol{r}})=\frac{3k^2V}{4\pi}\cdot\frac{\varepsilon_r-1}{\varepsilon_r+2}\left(\hat{\boldsymbol{e}}_\theta(A_0\cos\theta\cos\varphi+B_0\cos\theta\sin\varphi-D_0\sin\theta)\right.$$

$$\left.-\hat{\boldsymbol{e}}_\varphi(A_0\sin\varphi-B_0\cos\varphi)\right)+\frac{k^2}{4\pi E_0}\left(\frac{\varepsilon_r-1}{\varepsilon_0}\right)\sigma\pi R_0^3\sin\theta_0'\hat{\boldsymbol{e}}_\theta \tag{6-40}$$

带电球形粒子的微分散射截面为

$$\sigma_{\mathrm{d}}=\frac{k^4}{(4\pi)^2}\left(\left(3V\left(\frac{\varepsilon_r-1}{\varepsilon_r+2}\right)(A_0\cos\theta\cos\varphi+B_0\cos\theta\sin\varphi-D_0\sin\theta)\right.\right.$$

$$\left.\left.+\left(\frac{1}{E_0}\left(\frac{\varepsilon_r-1}{\varepsilon_0}\right)\sigma\pi R_0^3\sin\theta_0'\right)\right)^2+\left(3V\left(\frac{\varepsilon_r-1}{\varepsilon_r+2}\right)(A_0\sin\varphi-B_0\cos\varphi)\right)^2\right) \tag{6-41}$$

由式(6-41)可以看出，微分散射截面由三部分构成，第一部分与入射波的方向有关；第二部分不仅与入射波有关，而且还与观察方位有关；第三部分与带电球形粒子表面电荷有关。

当入射电场在 x 轴正向时，$B_0=D_0=0$，$A_0=E_0$，于是，微分散射截面可表示为

$$\sigma_{\mathrm{d}}=\frac{k^4V^2}{(4\pi)^2}\left(\left(3\left(\frac{\varepsilon_r-1}{\varepsilon_r+2}\right)A_0\cos\theta\cos\varphi+((\varepsilon_r-1)\sigma\pi R_0^3\sin\theta_0')\right)^2\right.$$

$$\left.+\left(3\left(\frac{\varepsilon_r-1}{\varepsilon_r+2}\right)(A_0\sin\varphi)\right)^2\right) \tag{6-42}$$

式(6-42)的结论和何琴淑等人给出的结果完全一致，这表明已有的结论是本节式(6-41)的一种特殊情况，说明式(6-41)的正确性。

在不考虑粒子带电时，式(6-42)的结果为

$$\sigma_{\mathrm{d}}=\frac{k^4V^2}{(4\pi)^2}\left|\frac{3E_0(\varepsilon_r-1)}{\varepsilon_r+2}\right|^2\sin^2\chi \tag{6-43}$$

式中，χ 为入射电场极化方向与散射方向之间的夹角。

实际上粒子沿各个方向的散射并不均匀，可以定义粒子沿所有角度的总散射功率与入射功率通量密度的比值为粒子的散射截面。其表达式为

$$\sigma_{\mathrm{s}}=\int_{4\pi}\sigma_{\mathrm{d}}\mathrm{d}\Omega=\int_{4\pi}|f(\hat{\boldsymbol{o}},\hat{\boldsymbol{i}})|^2\mathrm{d}\Omega$$

将式(6-11)代入上式中进行整理，于是散射截面可表示为

$$\sigma_{\mathrm{s}}=\frac{8}{3}\pi k^4R_0^6\left|\frac{\varepsilon_r-1}{\varepsilon_r+2}\right|^2(A_0^2+B_0^2+D_0^2)-\frac{1}{2\pi}k^4R_0^6\frac{1}{E_0\varepsilon_0}\left|\frac{(\varepsilon_r-1)^2}{\varepsilon_r+2}\right|D_0\pi^3\sigma\sin\theta_0'$$

$$+\frac{\pi}{4}k^4R_0^6\sigma^2\frac{|\varepsilon_r-1|^2}{\varepsilon_0^2E_0^4}\sin^2\theta_0' \tag{6-44}$$

6.3.3　局部非均匀带电球形粒子内/外电势及电场

对于电荷非均匀分布的情况，为了能得到其理论解，令电荷分布函数为

$$f(\theta,\varphi)=f(\theta)=\sigma_1P_n^m(\cos\theta),\ (0<\theta<\pi)$$

式中，σ_1 为电荷非均匀分布时电荷密度的振幅。

利用电势的表达式和边界条件，可以解得各系数分别为

$$\begin{cases} a_{0,1}=\dfrac{\sigma_1-3\varepsilon_0 E_0\cos\theta_0}{\varepsilon_s+2\varepsilon_0} \\ a_{1,1}=\dfrac{-3\varepsilon_0 E_0\sin\theta_0\cos\varphi_0}{\varepsilon_s+2\varepsilon_0} \\ C_{1,1}=\dfrac{-3\varepsilon_0 E_0\sin\theta_0\sin\varphi_0}{\varepsilon_s+2\varepsilon_0} \end{cases} \tag{6-45}$$

$(a_{m,n}=0,\ m\neq 0,\ 1,\ n\neq 1;\ C_{m,n}=0,\ m\neq 1,\ n\neq 1)$

$$\begin{cases} f_{0,1}=\dfrac{\sigma_1+(\varepsilon_s-\varepsilon_0)}{\varepsilon_s+2\varepsilon_0}E_0 R_0^3\cos\theta_0 \\ f_{1,1}=\dfrac{\varepsilon_s-\varepsilon_0}{\varepsilon_s+2\varepsilon_0}E_0 R_0^3\sin\theta_0\cos\varphi_0 \\ h_{1,1}=\dfrac{\varepsilon_s-\varepsilon_0}{\varepsilon_s+2\varepsilon_0}E_0 R_0^3\sin\theta_0\sin\varphi_0 \end{cases} \tag{6-46}$$

$(f_{m,n}=0,\ m\neq 0,\ 1,\ n\neq 1;\ h_{m,n}=0,\ m\neq 1,\ n\neq 1)$

将式(6-45)和式(6-46)的系数代入到式(6-1)和式(6-2)中，得到电势解为

$$u_1=\frac{\sigma_1-3\varepsilon_0 E_0\cos\theta_0}{\varepsilon_s+2\varepsilon_0}R\cos\theta+\frac{-3\varepsilon_0 E_0\sin\theta_0\cos\varphi_0}{\varepsilon_s+2\varepsilon_0}R\sin\theta\cos\varphi$$
$$+\frac{-3\varepsilon_0 E_0\sin\theta_0\sin\varphi_0}{\varepsilon_s+2\varepsilon_0}R\sin\theta\sin\varphi \tag{6-47}$$

$$u_2=AR\cos\theta+BR\sin\theta\cos\varphi+DR\sin\theta\sin\varphi+\frac{f_{0,1}}{R^2}\cos\theta$$
$$+\frac{f_{1,1}}{R^2}\sin\theta\cos\varphi+\frac{h_{1,1}}{R^2}\sin\theta\sin\varphi \tag{6-48}$$

对于非均匀带电球形粒子球内、外电势 u_1 和 u_2，当 $\theta_0=\varphi_0=0$ 时，外电场在 z 轴方向上，$B=D=0$，于是该研究问题变为沿 z 轴取向、均匀的平行外电场 $\boldsymbol{E}_0$ 作用下，非均匀带电球形粒子球的电势分布情况，可得

$$u_1=\frac{-3\varepsilon_0 E_0}{\varepsilon_s+2\varepsilon_0}R\cos\theta \tag{6-49}$$

$$u_2=-E_0 R\cos\theta+\frac{E_0 R_0^3}{R^2}\cdot\frac{\varepsilon_s-\varepsilon_0}{\varepsilon_s+2\varepsilon_0}\cos\theta \tag{6-50}$$

上述结果与 Stratton 的结论完全一致，这表明已有的结论是本节式(6-47)、式(6-48)解的一种特殊情况。

根据电场强度和电势的关系 $\boldsymbol{E}_{in}=-\nabla u_1$，以及球坐标与直角坐标系的转化关系，于是，非均匀带电球形粒子球内电场为

$$\boldsymbol{E}_{in}=\frac{3\varepsilon_0 E_0\cos\theta_0-\sigma_1}{\varepsilon_s+2\varepsilon_0}(\hat{\boldsymbol{e}}_r\cos\theta-\hat{\boldsymbol{e}}_\theta\sin\theta)+\frac{3\varepsilon_0 E_0\sin\theta_0\cos\varphi_0}{\varepsilon_s+2\varepsilon_0}(\hat{\boldsymbol{e}}_r\sin\theta\cos\varphi$$
$$+\hat{\boldsymbol{e}}_\theta\cos\theta\sin\varphi-\hat{\boldsymbol{e}}_\varphi\cos\varphi)+\frac{3\varepsilon_0 E_0\sin\theta_0\sin\varphi_0}{\varepsilon_s+2\varepsilon_0}(\hat{\boldsymbol{e}}_r\sin\theta\sin\varphi+\hat{\boldsymbol{e}}_\theta\cos\theta\sin\varphi+\hat{\boldsymbol{e}}_\varphi\cos\varphi)$$
$$=\frac{3\varepsilon_0 E_0\cos\theta_0-\sigma_1}{\varepsilon_s+2\varepsilon_0}\hat{\boldsymbol{z}}+\frac{3\varepsilon_0 E_0\sin\theta_0\cos\varphi_0}{\varepsilon_s+2\varepsilon_0}\hat{\boldsymbol{x}}+\frac{3\varepsilon_0 E_0\sin\theta_0\sin\varphi_0}{\varepsilon_s+2\varepsilon_0}\hat{\boldsymbol{y}} \tag{6-51}$$

6.3.4　局部非均匀带电球形粒子的散射特性

为方便计算，令 $\boldsymbol{E}_{\text{in}}=E_2\hat{\boldsymbol{y}}+E_1\hat{\boldsymbol{x}}+E_3\hat{\boldsymbol{z}}$，非均匀带电球形粒子的散射场为

$$\boldsymbol{E}_{\text{s}}=\boldsymbol{f}(\hat{\boldsymbol{i}},\hat{\boldsymbol{r}})\frac{\exp(\text{j}kr)}{r}$$

$$\boldsymbol{f}(\hat{\boldsymbol{i}},\hat{\boldsymbol{r}})=\frac{k^2}{4\pi}\int_{V'}(-\hat{\boldsymbol{r}}\times(\hat{\boldsymbol{r}}\times\boldsymbol{E}(\boldsymbol{r}')))(\varepsilon_r(\boldsymbol{r}')-1)\exp(-\text{j}k\boldsymbol{r}'\cdot\hat{\boldsymbol{r}})\text{d}V'$$

式中，$\boldsymbol{f}(\hat{\boldsymbol{r}},\hat{\boldsymbol{i}})$为散射振幅矢量；$\boldsymbol{E}(\boldsymbol{r}')$为球形粒子内部的电场。将式(6-51)代入上式中，可得

$$\boldsymbol{f}(\hat{\boldsymbol{i}},\hat{\boldsymbol{r}})=\frac{k^2}{4\pi}\int_{V'}(-\hat{\boldsymbol{r}}\times(\hat{\boldsymbol{r}}\times(E_2\hat{\boldsymbol{y}}+E_1\hat{\boldsymbol{x}}+E_3\hat{\boldsymbol{z}})))(\varepsilon_r(\boldsymbol{r}'-1))\exp(-\text{j}k\boldsymbol{r}'\cdot\hat{\boldsymbol{r}})\text{d}V' \tag{6-52}$$

对于瑞利分布散射，其散射振幅可表示为

$$\boldsymbol{f}(\hat{\boldsymbol{i}},\hat{\boldsymbol{r}})=\frac{k^2V}{4\pi}(-\hat{\boldsymbol{r}}\times(\hat{\boldsymbol{r}}\times(E_2\hat{\boldsymbol{y}}+E_1\hat{\boldsymbol{x}}+E_3\hat{\boldsymbol{z}}))) \tag{6-53}$$

式中，V 为球形粒子的体积；$\hat{\boldsymbol{i}}$、$\hat{\boldsymbol{r}}$ 分别为入射电场方向和散射方向的单位矢量。令

$$\hat{\boldsymbol{r}}=\hat{\boldsymbol{x}}\sin\theta\cos\varphi+\hat{\boldsymbol{y}}\sin\theta\sin\varphi+\hat{\boldsymbol{z}}\cos\theta=r_x\hat{\boldsymbol{x}}+r_y\hat{\boldsymbol{y}}+r_z\hat{\boldsymbol{z}}$$

于是散射振幅为

$$\boldsymbol{f}(\hat{\boldsymbol{o}},\hat{\boldsymbol{i}})=\frac{k^2V}{4\pi}(\varepsilon_r-1)((E_2\hat{\boldsymbol{y}}+E_1\hat{\boldsymbol{x}}+E_3\hat{\boldsymbol{z}})-\hat{\boldsymbol{r}}(E_2r_y+E_1r_x+E_3r_z)) \tag{6-54}$$

非均匀带电球形粒子的微分散射截面定义如下：

$$\sigma_{\text{d}}(\hat{\boldsymbol{o}},\hat{\boldsymbol{i}})=\lim_{R\to\infty}\left(\frac{R^2S_{\text{s}}}{S_i}\right)=|\boldsymbol{f}(\hat{\boldsymbol{o}},\hat{\boldsymbol{i}})|^2$$

于是，非均匀带电球形粒子的微分散射截面为

$$\sigma_{\text{d}}=\frac{k^4V^2}{(4\pi)^2}\left|\frac{(\varepsilon_r-1)}{\varepsilon_r+2}\right|^2(|E_1(1-r_x^2)-r_xr_yE_2-r_xr_zE_3|^2+|E_2(1-r_y^2)-r_xr_yE_1r_yr_zE_3|^2$$
$$+|E_3(1-r_z^2)-r_xr_zE_1-r_yr_zE_2|^2) \tag{6-55}$$

由式(6-55)可以看出，微分散射截面由两部分构成，第一部分与入射波的方向有关；第二部分不仅与入射波有关，而且还与观察方位有关。进一步整理上式可得：

$$\sigma_{\text{d}}=\frac{k^4V^2}{(4\pi)^2}\left|\frac{3(\varepsilon_r-1)}{\varepsilon_r+2}\right|^2(B^2(1-r_x^2)+D^2(1-r_y^2)+A^2(1-r_z^2)$$
$$-2BDr_xr_y-2ABr_xr_z-2ADr_yr_z) \tag{6-56}$$

式中，$A=-E_0\cos\theta_0$，$B=-E_0\sin\theta_0\cos\varphi_0$，$D=-E_0\sin\theta_0\sin\varphi_0$。

6.3.5　数值计算与结果讨论

根据式(6-41)计算局部均匀带电粒子的微分散射截面，参数设置为：电磁波的频率为 9.4 GHz，均匀带电粒子的半径为 0.01 mm。图 6-6 所示是微分散射截面随观察方位的变化关系，从图中可以看出，当入射电场方位角为(30°，30°)时，微分散射随 θ 角敏感变化；

当观察角接近于0时，散射最强；当θ接近于60°时，散射最弱；φ方向上表现出周期性。

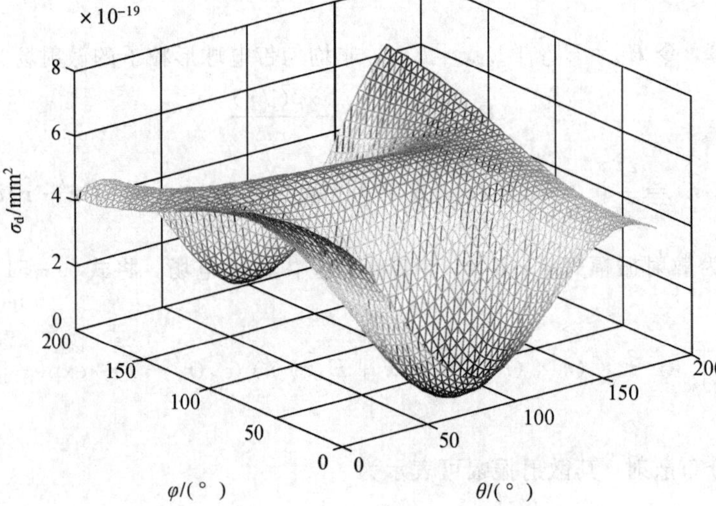

图 6-6　微分散射截面与观察方位的变化关系

参数选择为：电磁波的频率为9.4 GHz，均匀带电粒子的半径为0.01 mm，外电场的大小为$E_0=50\ \text{V}\cdot\text{m}^{-1}$。根据式(6-44)计算不同的入射方位角时，局部均匀带电粒子的散射截面随电荷分布角的变化关系如图6-7所示。在图6-7(a)中，当入射电场方位角为(0, 0)时，散射截面随θ_0'角敏感变化；当$\theta_0'=0$、π时，散射截面最小；当θ接近于$\frac{\pi}{2}$时，散射截面最大。在图6-7(b)中，当入射电场方位角为$\left(\frac{\pi}{6}, \frac{\pi}{6}\right)$时，从图中可以看出，散射截面随$\theta_0'$角敏感变化，在$\theta_0'=\frac{\pi}{6}$附近散射截面最小；当$\theta$接近于$\frac{\pi}{2}$时，散射截面最大。另外，表面电荷面密度对散射截面也有明显的影响。

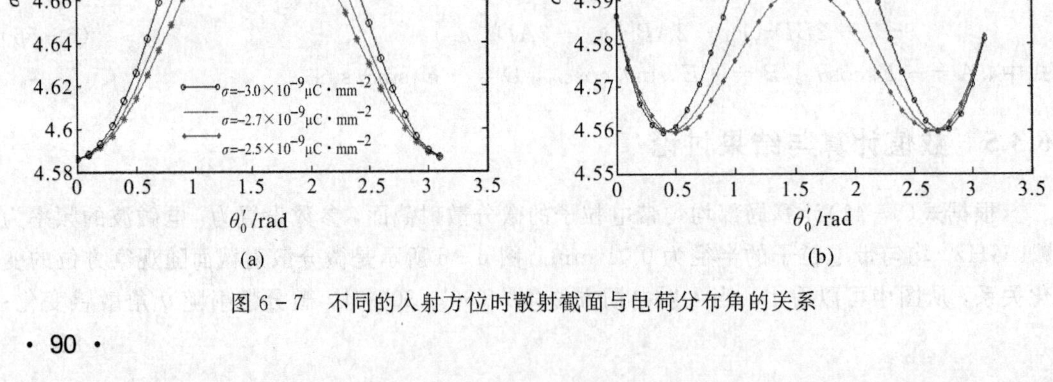

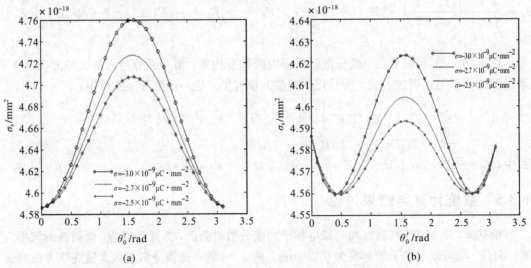

图 6-7　不同的入射方位时散射截面与电荷分布角的关系

本章小结

本章首先对各向同性介质球的任意入射(平面)波 Rayleigh 散射进行研究，得到任意入射时介质球内/外电势、电场的解析表达式，进而给出其散射振幅、微分散射截面的解析式；当电磁波沿 x 轴方向极化、z 方向入射到介质球时，其结果与相关文献一致。本章还研究了在给定入射波的方位时，微分散射截面随观察角的变化关系；微分散射截面随极化角的变化关系。

其次，基于任意入射(平面)波的 Rayleigh 散射特性，利用局部均匀带电球形粒子的边界条件，得出带电球形粒子的内/外电势和电场的解析式；应用随机介质中的波传播理论，推导出局部均匀带电球形粒子的散射振幅、微分散射截面的表达式。研究了在给定入射波的方位时，微分散射截面随观察角的变化关系；在不同的入射方位时，散射截面随表面电荷分布角的变化关系。

最后，在带电球形粒子表面电荷为非均匀分布时，采用同样的研究方法，得到球内/外电势、电场及散射振幅、微分散射截面的解析式。

本章对各向同性介质球、带电球形粒子的 Rayleigh 散射特性的研究，为进一步开展各向异性带电球形目标的散射研究奠定了基础。

第 7 章　各向异性带电球形粒子的 Rayleigh 散射特性

7.1　引　言

近十年来，各向异性介质目标的电磁散射特性以及与电磁波的相互作用这些难题受到国内外专家的高度关注。就研究方法来讲，可以分为解析方法与数值方法，而且各种数值方法以解析方法为理论基础。

研究各向异性目标的散射特性中常用的数值方法有 FDTD 法、离散偶极子(DDA)法、矩量法、快速多级子技术、积分/微分方程法等。国外学者如 Graglia、Varadan、Malyuskin 等人对各向异性目标散射进行了研究。国内学者用 FDTD 方法研究各向异性目标(包括球和柱等)的散射，张明和洪伟采用多极子技术(GMT)研究单轴双各向异性媒质柱面的电磁散射。

从解析角度研究各向异性材料目标散射的结论主要有：1992 年，台湾学者 Wong 采用标势研究介质和吸收的单轴异性球对平面波的电磁散射；吴信宝和任伟等人分别采用波函数和本征函数方法，讨论圆柱对平面波的散射；耿友林等人采用傅里叶变换和矢量球函数，给出单轴各向异性球以及铁氧体球对平面波散射的解析解。四川大学张大跃等人从数值角度采用两点边值问题方法，研究平面电磁波入射等离子球和圆柱的散射特性。耿友林等人采用电磁场傅里叶变换，从解析的角度研究等离子体异性球、球壳、多层等离子体球对平面波的电磁散射。对于各向异性球形粒子的散射特性，黄际英、李应乐提出电磁场的多尺度变换理论，将各向异性目标重建为各向同性目标，从而利用各向同性目标电磁散射的有关理论与算法研究各向异性目标的散射问题。李应乐等人给出各向异性介质球的散射场，对电磁各向异性球的散射特性进行了研究。然而，对于各向异性带电球形粒子散射特性的研究，还未见国内外文献报道，因此，开展对各向异性带电球粒子的散射研究是对各向异性介质球形目标散射特性的进一步探索。

本章首先将直角坐标系中各向异性介质的参数矩阵转换到球坐标系，讨论各向异性介质球的 Rayleigh 散射特性；在此基础上，重点研究各向异性带电球形粒子内/外电场和电势的分布规律，推导出各向异性带电球形粒子散射场的表达式，得到各向异性带电球形粒子的散射振幅、微分散射截面的解析式。本章的研究结果为开展各向异性目标检测、各向异性目标光散射等奠定了基础。

7.2　介质球的各向异性 Rayleigh 散射

7.2.1　介电张量

设有一各向异性介质球，它的半径为 R_0，直角坐标系的介电张量为

$$\boldsymbol{\varepsilon}=\boldsymbol{\varepsilon}_r\varepsilon_0=\varepsilon_0\begin{bmatrix}\varepsilon_1 & 0 & 0\\ 0 & \varepsilon_2 & 0\\ 0 & 0 & \varepsilon_3\end{bmatrix} \tag{7-1}$$

利用电场强度与电位移矢量的关系，以及球坐标系中与直角坐标系中矢量之间的变换关系可得球坐标系中的介电张量为

$$\boldsymbol{\varepsilon}=\varepsilon_0\begin{bmatrix}\varepsilon_{11} & \varepsilon_{12} & \varepsilon_{13}\\ \varepsilon_{21} & \varepsilon_{22} & \varepsilon_{23}\\ \varepsilon_{31} & \varepsilon_{32} & \varepsilon_{33}\end{bmatrix} \tag{7-2}$$

式中，

$$\varepsilon_{11}=\varepsilon_3\cos^2\theta+\varepsilon_1\sin^2\theta\cos^2\varphi+\varepsilon_2\sin^2\theta\sin^2\varphi$$

$$\varepsilon_{12}=-\varepsilon_3\cos\theta\sin\theta+\varepsilon_1\cos\theta\sin\theta\cos^2\varphi+\varepsilon_2\cos\theta\sin\theta\sin^2\varphi$$

$$\varepsilon_{13}=(\varepsilon_2-\varepsilon_1)\cos\varphi\sin\theta\sin\varphi$$

$$\varepsilon_{22}=\varepsilon_3\sin^2\theta+\varepsilon_1\cos^2\theta\cos^2\varphi+\varepsilon_2\cos^2\theta\sin^2\varphi$$

$$\varepsilon_{32}=(\varepsilon_2-\varepsilon_1)\cos\varphi\cos\theta\sin\varphi$$

$$\varepsilon_{33}=\varepsilon_1\sin^2\varphi+\varepsilon_2\cos^2\varphi$$

$$\varepsilon_{12}=\varepsilon_{21},\ \varepsilon_{13}=\varepsilon_{31},\ \varepsilon_{32}=\varepsilon_{23}$$

7.2.2　球内/外电势及电场

设有一介质球，它的半径 R_0 比波长小得多，该介质球位于坐标系的坐标原点。将该介质球放置于介电常数为 ε_0 的介质中，且受到大小为 E_0、方位为$(\theta_0，\varphi_0)$的外电场作用，如图 7-1 所示。

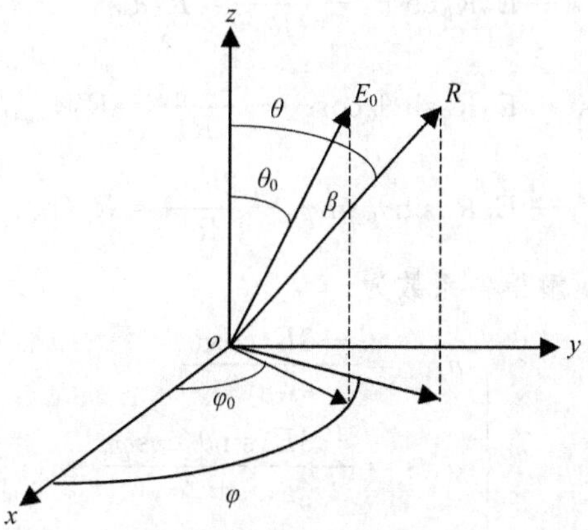

图 7-1　方位与外电场的关系

由于该介质球的半径远小于电磁波的波长，因此，在该介质球的尺寸内，电磁场的变化可以忽略不计。也就是说，该介质球内部的电场可以用静电场来近似。于是，可设该介质球内、外电势分别为 u_1 和 u_2，其表达式与式(6-1)和式(6-2)形式相同，即

$$u_1=\sum_{n=0}^{\infty}\sum_{m=0}^{\infty}a_{m,n}R^nP_n^m(\cos\theta)\cos m\varphi+\sum_{n=0}^{\infty}\sum_{m=0}^{\infty}C_{m,n}R^nP_n^m(\cos\theta)\sin m\varphi$$

$$u_2=\sum_{n=0}^{\infty}\sum_{m=0}^{\infty}(e_{m,n}R^n+\frac{f_{m,n}}{R^{n+1}})P_n^m(\cos\theta)\cos m\varphi+\sum_{n=0}^{\infty}\sum_{m=0}^{\infty}\left(g_{m,n}R^n+\frac{h_{m,n}}{R^{n+1}}\right)P_n^m(\cos\theta)\sin m\varphi$$

其边界条件为

当 $R\to\infty$ 时，

$$u_1=-RE_0\cos\beta=-RE_0(\sin\theta\sin\theta_0\cos(\varphi-\varphi_0)+\cos\theta\cos\theta_0)\tag{7-3}$$

当 $R=R_0$ 时，

$$u_1=u_2\tag{7-4}$$

$$\varepsilon_0\left(\varepsilon_{11}\frac{\partial u_1}{\partial R}+\varepsilon_{12}\frac{1}{R}\cdot\frac{\partial u_1}{\partial\theta}+\varepsilon_{13}\frac{1}{R\sin\theta}\cdot\frac{\partial u_1}{\partial\varphi}\right)=\varepsilon_0\frac{\partial u_2}{\partial R}\tag{7-5}$$

利用边界条件式(7-3)，介质球外电势可表示为

$$\begin{aligned}u_2=&-RE_0(\sin\theta\sin\theta_0\cos(\varphi-\varphi_0)+\cos\theta\cos\theta_0)\\&+\sum_{n=0}^{\infty}\sum_{m=0}^{\infty}(e_{m,n}R^n+\frac{f_{m,n}}{R^{n+1}})P_n^m(\cos\theta)\cos m\varphi+\sum_{n=0}^{\infty}\sum_{m=0}^{\infty}(g_{m,n}R^n+\frac{h_{m,n}}{R^{n+1}})P_n^m(\cos\theta)\sin m\varphi\end{aligned}\tag{7-6}$$

利用边界条件式(7-4)、式(7-5)和连带勒让德函数的特性(即 $m=0$，$P_l^0(x)=P_l(x)$；$m=1$，$P_1^1(x)=\cos\theta$)，于是，比较同类项系数可得下列关系式：

$$\begin{cases}-E_0\cos\theta_0-\dfrac{2f_{0,1}}{R_0^3}=\varepsilon_3a_{0,1}\\-E_0\sin\theta_0\cos\varphi_0-\dfrac{2f_{1,1}}{R_0^3}=\varepsilon_1a_{1,1}\\-E_0\sin\theta_0\sin\varphi_0-\dfrac{2h_{1,1}}{R_0^3}=\varepsilon_2C_{1,1}\end{cases}\tag{7-7}$$

$$\begin{cases}-E_0R_0\cos\theta_0-\dfrac{2f_{0,1}}{R_0^3}=R_0a_{0,1}\\-E_0R_0\sin\theta_0\cos\varphi_0-\dfrac{2f_{1,1}}{R_0^3}=R_0a_{1,1}\\-E_0R_0\sin\theta_0\sin\varphi_0-\dfrac{2h_{1,1}}{R_0^3}=R_0C_{1,1}\end{cases}\tag{7-8}$$

联立式(7-7)和式(7-8)，解得各系数为

$$\begin{cases}a_{0,1}=\dfrac{-3E_0\cos\theta_0}{\varepsilon_3+2}\\a_{1,1}=\dfrac{-3E_0\sin\theta_0\cos\varphi_0}{\varepsilon_1+2}\\C_{1,1}=\dfrac{-3E_0\sin\theta_0\sin\varphi_0}{\varepsilon_2+2}\end{cases}\tag{7-9}$$

$$(a_{m,n}=0,\ m\neq 0,1,\ n\neq 1;\ C_{m,n}=0,\ m\neq 1,\ n\neq 1)$$

$$\begin{cases} f_{0,1}=\dfrac{\varepsilon_3-1}{\varepsilon_3+2}E_0R_0^3\cos\theta_0 \\ f_{1,1}=\dfrac{\varepsilon_1-1}{\varepsilon_1+2}E_0R_0^3\sin\theta_0\cos\varphi_0 \\ h_{1,1}=\dfrac{\varepsilon_2-1}{\varepsilon_2+2}E_0R_0^3\sin\theta_0\sin\varphi_0 \end{cases} \tag{7-10}$$

$$(f_{m,n}=0,\ m\neq 0,1,\ n\neq 1;\ h_{m,n}=0,\ m\neq 1,\ n\neq 1)$$

于是将式(7-9)和式(7-10)的系数分别代入到式(6-1)和式(6-2)中，得到电势解为

$$u_1=\frac{-3E_0\cos\theta_0}{\varepsilon_3+2}R\cos\theta+\frac{-3E_0\sin\theta_0\cos\varphi_0}{\varepsilon_1+2}R\sin\theta\cos\varphi + \frac{-3E_0\sin\theta_0\sin\varphi_0}{\varepsilon_2+2}R\sin\theta\sin\varphi \tag{7-11}$$

$$u_2=AR\cos\theta+BR\sin\theta\cos\varphi+DR\sin\theta\sin\varphi+\frac{AR_0^3}{R^2}\cdot\frac{\varepsilon_3-1}{\varepsilon_3+2}\cos\theta + \frac{BR_0^3}{R^2}\cdot\frac{\varepsilon_1-1}{\varepsilon_1+2}\sin\theta\cos\varphi+\frac{DR_0^3}{R^2}\cdot\frac{\varepsilon_2-1}{\varepsilon_2+2}\sin\theta\sin\varphi \tag{7-12}$$

式中，$A=-E_0\cos\theta_0$，$B=-E_0\sin\theta_0\cos\varphi_0$，$D=-E_0\sin\theta_0\sin\varphi_0$。

对于介质球内、外电势 u_1 和 u_2，当 $\theta_0=\varphi_0=0$ 时，外电场在 z 轴方向上，$B=D=0$ 且 $\varepsilon_3=\varepsilon_2=\varepsilon_1=\dfrac{\varepsilon}{\varepsilon_0}$，于是该研究问题变为沿 z 轴取向、均匀的平行外电场 E_0 作用下，介质球的电势分布情况，可得

$$u_1=\frac{-3\varepsilon_0E_0}{\varepsilon_s+2\varepsilon_0}R\cos\theta \tag{7-13}$$

$$u_2=-E_0R\cos\theta+\frac{E_0R_0^3}{R^2}\cdot\frac{\varepsilon_s-\varepsilon_0}{\varepsilon_s+2\varepsilon_0}\cos\theta \tag{7-14}$$

上述结果与已有的结论完全一致，说明式(7-11)和式(7-12)的正确性。

根据电场强度和电势的关系 $\boldsymbol{E}_{\text{in}}=-\nabla u_1$，以及球坐标与直角坐标系的转化关系：

$$\hat{\boldsymbol{x}}=\hat{\boldsymbol{e}}_r\sin\theta\cos\varphi+\hat{\boldsymbol{e}}_\theta\cos\theta\cos\varphi+\hat{\boldsymbol{e}}_\varphi\sin\varphi$$

$$\hat{\boldsymbol{y}}=\hat{\boldsymbol{e}}_r\sin\theta\sin\varphi+\hat{\boldsymbol{e}}_\theta\cos\theta\sin\varphi+\hat{\boldsymbol{e}}_\varphi\cos\varphi$$

$$\hat{\boldsymbol{z}}=\hat{\boldsymbol{e}}_r\cos\theta-\hat{\boldsymbol{e}}_\theta\sin\theta$$

式中，$\hat{\boldsymbol{z}}$、$\hat{\boldsymbol{x}}$、$\hat{\boldsymbol{y}}$ 分别为直角坐标系中 z、x、y 方向的单位矢量；$\hat{\boldsymbol{e}}_r$、$\hat{\boldsymbol{e}}_\theta$、$\hat{\boldsymbol{e}}_\varphi$ 分别为球坐标系中 r、θ、φ 方向的单位矢量。

于是，介质球内电场为

$$\begin{aligned}\boldsymbol{E}_{\text{in}}&=\frac{3E_0\cos\theta_0}{\varepsilon_3+2}(\hat{\boldsymbol{e}}_r\cos\theta-\hat{\boldsymbol{e}}_\theta\sin\theta)+\frac{3E_0\sin\theta_0\cos\varphi_0}{\varepsilon_1+2}(\hat{\boldsymbol{e}}_r\sin\theta\cos\varphi+\hat{\boldsymbol{e}}_\theta\cos\theta\cos\varphi-\hat{\boldsymbol{e}}_\varphi\sin\varphi)\\&\quad+\frac{3E_0\sin\theta_0\sin\varphi_0}{\varepsilon_2+2}(\hat{\boldsymbol{e}}_r\sin\theta\sin\varphi+\hat{\boldsymbol{e}}_\theta\cos\theta\sin\varphi+\hat{\boldsymbol{e}}_\varphi\cos\varphi)\\&=\frac{3E_0\cos\theta_0}{\varepsilon_3+2}\hat{\boldsymbol{z}}+\frac{3E_0\sin\theta_0\cos\varphi_0}{\varepsilon_1+2}\hat{\boldsymbol{x}}+\frac{3E_0\sin\theta_0\sin\varphi_0}{\varepsilon_2+2}\hat{\boldsymbol{y}}\end{aligned} \tag{7-15}$$

7.2.3 散射振幅和散射截面

为方便计算，令 $\boldsymbol{E}_{\text{in}}=E_2\hat{\boldsymbol{y}}+E_1\hat{\boldsymbol{x}}+E_3\hat{\boldsymbol{z}}$，利用粒子散射的研究方法，得到球形粒子的散射场为

$$\boldsymbol{E}_{\text{s}}=\boldsymbol{f}(\hat{\boldsymbol{i}},\hat{\boldsymbol{r}})\frac{\exp(\text{j}kr)}{r} \tag{7-16}$$

$$\boldsymbol{f}(\hat{\boldsymbol{i}},\hat{\boldsymbol{r}})=\frac{k^2}{4\pi}\int_{V'}(-\hat{\boldsymbol{r}}\times(\hat{\boldsymbol{r}}\times(\varepsilon_r\cdot\boldsymbol{E}-\boldsymbol{E})))\exp(-\text{j}k\boldsymbol{r}'\cdot\hat{\boldsymbol{r}})\text{d}V' \tag{7-17}$$

式中，$\boldsymbol{f}(\hat{\boldsymbol{r}},\hat{\boldsymbol{i}})$为散射振幅矢量；$\boldsymbol{E}$ 为球形粒子内部的电场。将式(7-15)代入式(7-17)中，可得

$$\boldsymbol{f}(\hat{\boldsymbol{i}},\hat{\boldsymbol{r}})=\frac{k^2}{4\pi}\int_{V'}(-\hat{\boldsymbol{r}}\times(\hat{\boldsymbol{r}}\times(E_2(\varepsilon_2-1)\hat{\boldsymbol{y}}+E_1(\varepsilon_1-1)\hat{\boldsymbol{x}}+E_3(\varepsilon_3-1)\hat{\boldsymbol{z}})))\exp(-\text{j}k\boldsymbol{r}'\cdot\hat{\boldsymbol{r}})\text{d}V' \tag{7-18}$$

对于瑞利分布散射，其散射振幅可表示为

$$\boldsymbol{f}(\hat{\boldsymbol{i}},\hat{\boldsymbol{r}})=\frac{k^2V}{4\pi}(-\hat{\boldsymbol{r}}\times(\hat{\boldsymbol{r}}\times(E_2(\varepsilon_2-1)\hat{\boldsymbol{y}}+E_1(\varepsilon_1-1)\hat{\boldsymbol{x}}+E_3(\varepsilon_3-1)\hat{\boldsymbol{z}}))) \tag{7-19}$$

式中，V 为球形粒子的体积；$\hat{\boldsymbol{i}}$、$\hat{\boldsymbol{r}}$ 分别入射电场方向和散射方向的单位矢量。令

$$\hat{\boldsymbol{r}}=\hat{\boldsymbol{x}}\sin\theta\cos\varphi+\hat{\boldsymbol{y}}\sin\theta\sin\varphi+\hat{\boldsymbol{z}}\cos\theta=r_x\hat{\boldsymbol{x}}+r_y\hat{\boldsymbol{y}}+r_z\hat{\boldsymbol{z}}$$

于是该散射振幅为

$$\begin{aligned}\boldsymbol{f}(\hat{\boldsymbol{i}},\hat{\boldsymbol{r}})=\frac{k^2V}{4\pi}&((E_2(\varepsilon_2-1)\hat{\boldsymbol{y}}+E_1(\varepsilon_1-1)\hat{\boldsymbol{x}}+E_3(\varepsilon_3-1)\hat{\boldsymbol{z}})\\&-\hat{\boldsymbol{r}}(E_2(\varepsilon_2-1)r_y+E_1(\varepsilon_1-1)r_x+E_3(\varepsilon_3-1)r_z))\end{aligned} \tag{7-20}$$

球形粒子的微分散射截面定义如下：

$$\sigma_{\text{d}}(\hat{\boldsymbol{i}},\hat{\boldsymbol{r}})=\lim_{R\to\infty}\left(\frac{R^2S_{\text{s}}}{S_i}\right)=|\boldsymbol{f}(\hat{\boldsymbol{i}},\hat{\boldsymbol{r}})|^2 \tag{7-21}$$

于是，球形粒子的微分散射截面为：

$$\begin{aligned}\sigma_{\text{d}}=\frac{k^4V^2}{(4\pi)^2}\left|\frac{1}{\varepsilon_r+2}\right|^2&(|E_1(1-r_x^2)(\varepsilon_1-1)-r_xr_yE_2(\varepsilon_2-1)-r_xr_zE_3(\varepsilon_3-1)|^2\\&+|E_2(1-r_y^2)(\varepsilon_2-1)-r_xr_yE_1(\varepsilon_1-1)+r_yr_zE_3(\varepsilon_3-1)|^2\\&+|E_3(1-r_z^2)(\varepsilon_3-1)-r_xr_zE_1(\varepsilon_1-1)-r_yr_zE_2(\varepsilon_2-1)|^2)\end{aligned} \tag{7-22}$$

由式(7-22)可以看出：微分散射截面由两部分构成，第一部分与入射波的方向有关；第二部分不仅与入射波有关，而且还与观察方位有关。进一步整理式(7-22)可得

$$\begin{aligned}\sigma_{\text{d}}=\frac{k^4V^2}{(4\pi)^2}\left|\frac{3}{\varepsilon_r+2}\right|^2&(B_0^2(1-r_x^2)|(\varepsilon_1-1)|^2+D_0^2(1-r_y^2)|(\varepsilon_2-1)|^2\\&+A_0^2(1-r_z^2)|(\varepsilon_3-1)|^2-2B_0D_0r_xr_y|(\varepsilon_3-1)(\varepsilon_2-1)|-2A_0B_0r_xr_z|(\varepsilon_1-1)(\varepsilon_2-1)|\\&-2A_0D_0r_yr_z|(\varepsilon_3-1)(\varepsilon_1-1)|)\end{aligned} \tag{7-23}$$

式中，$A_0=E_0\cos\theta_0$，$B_0=E_0\sin\theta_0\cos\varphi_0$，$D_0=E_0\sin\theta_0\sin\varphi_0$。

当入射电场在 x 轴正向时，$B_0=D_0=0$，$A_0=E_0$，$\varepsilon_3=\varepsilon_2=\varepsilon_1=\varepsilon_r$，于是，微分散射截

面可表示为

$$\sigma_{\mathrm{d}}(\hat{\boldsymbol{o}}, \hat{\boldsymbol{i}}) = \frac{k^4}{(4\pi)^2} \left| \frac{3E_0(\varepsilon_r - 1)}{\varepsilon_r + 2} \right|^2 V^2 \sin^2\theta \tag{7-24}$$

式(7－24)的结论和 Ishimaru 给出的结果完全一致。

7.2.4　数值计算与结果讨论

由式(7－15)可以看出，在各向异性介质球中，某一方向上的静电场只与该方向上的介电常数和电场强度有关，这与力的独立作用原理相一致。根据式(7－15)，计算该介质球内电场强度随介电常数和入射电场方位的变化关系，分别如图 7－2 和图 7－3 所示。图7－2 表明，在入射电场方位给定的情况下，当介电常数增大时，介质球内电场的大小将减小。图 7－3 表明，在介电常数给定的情况下，入射电场的方位对介质球内电场的大小有显著的影响，且呈现周期性。

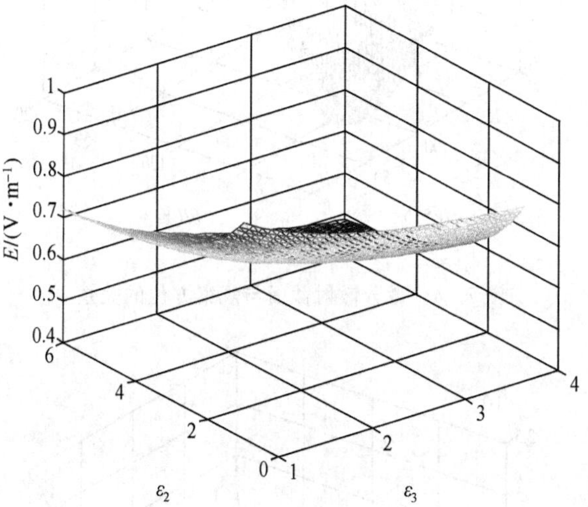

图 7－2　介质球内电场与介电常数的关系

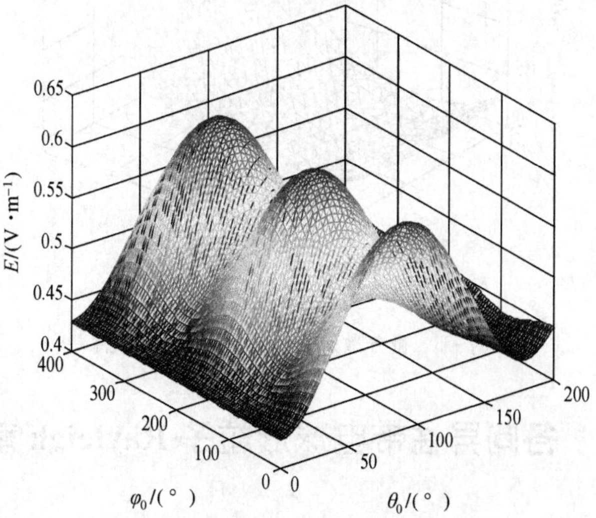

图 7－3　介质球内电场与入射方位的关系

根据式(7－23)计算该介质球微分散射截面，参数选择为：电磁波的频率为24 GHz，介质球半径为3 mm。图7－4所示是微分散射截面随观察方位的变化关系，从图中可以看出，不论介电常数张量取值如何，微分散射都随θ角敏感变化；当观察角接近于0或180°时，散射最弱。图7－5所示为微分散射截面随介电常数张量的变化关系，从图中可以看出，介电张量越大，散射越大，这是由于介电常量越大，介质极化后所产生的电偶极矩越大。

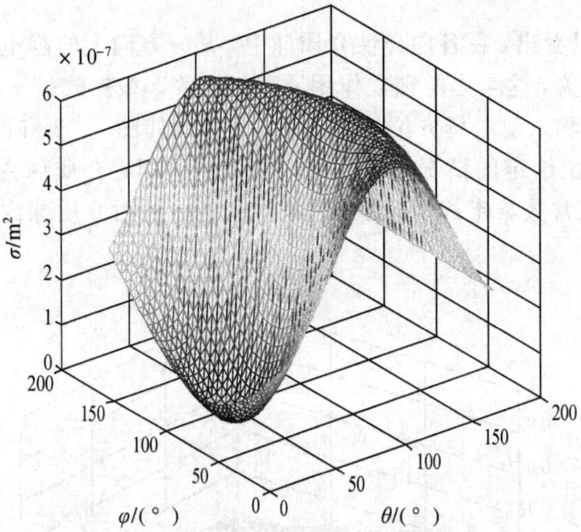

图7－4　微分散射截面与观察方位的关系

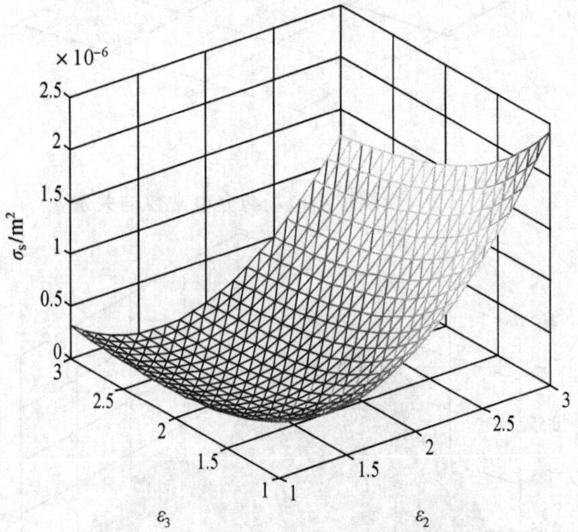

图7－5　微分散射截面与介电常数的关系

7.3　各向异性带电球形粒子 Rayleigh 散射

自然界中实际存在的粒子有很多是带电的，因此研究带电粒子的散射在许多领域具有实际意义。

本节在 7.2 节各向异性球散射的基础上，重点研究 Rayleigh 近似条件下，各向异性带电球形粒子对任意入射、任意极化的平面电磁波的散射。对于各向异性带电球形粒子，可考虑两种表面电荷分布形式：一种是表面局部均匀分布；另一种是表面非均匀分布。

7.3.1　局部均匀带电球形粒子内/外电势及电场

设有半径为 R_0、带电量为 Q 的带电各向异性球，其半径比波长小得多，该带电各向异性球位于坐标系的坐标原点。将该带电各向异性球放置于介电常数为 ε_0 的介质中，且受到大小为 E_0、方位为(θ_0，φ_0)的外电场作用，如图 7－6 所示。

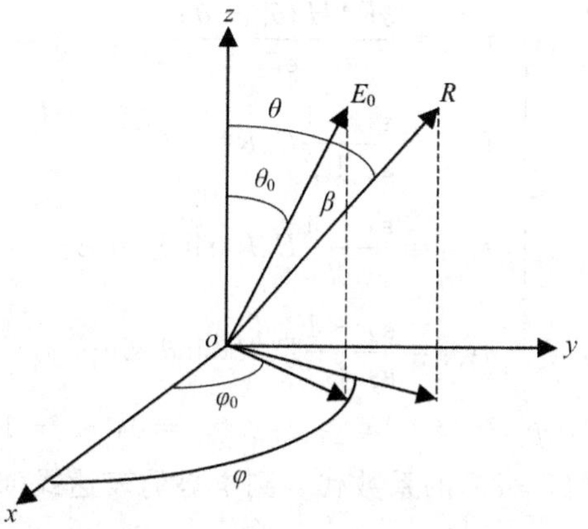

图 7－6　方位与外电场的关系

可设带电各向异性球上所带电荷分布是在其表面的局部区域，因此，为简单起见，可假设该球所带电荷在其表面是局部均匀分布的，且受到大小为 E_0、方位为(θ_0，φ_0)的外电场作用。设该球表面电荷分布为球冠分布，则

$$f(\theta,\ \varphi)=f(\theta)=H(\theta_0-\theta),\ (0<\theta<\pi)$$

于是，设局部均匀带电球形粒子球内、外电势分别为 u_1 和 u_2，其表达式与式(6－1)和式(6－2)形式相同，即

$$u_1=\sum_{n=0}^{\infty}\sum_{m=0}^{\infty}a_{m,n}R^nP_n^m(\cos\theta)\cos m\varphi+\sum_{n=0}^{\infty}\sum_{m=0}^{\infty}C_{m,n}R^nP_n^m(\cos\theta)\sin m\varphi$$

$$u_2=\sum_{n=0}^{\infty}\sum_{m=0}^{\infty}\left(e_{m,n}R^n+\frac{f_{m,n}}{R^{n+1}}\right)P_n^m(\cos\theta)\cos m\varphi+\sum_{n=0}^{\infty}\sum_{m=0}^{\infty}\left(g_{m,n}R^n+\frac{h_{m,n}}{R^{n+1}}\right)P_n^m(\cos\theta)\sin m\varphi$$

其边界条件为

当 $R\to\infty$时，

$$u_1=-RE_0\cos\beta=-RE_0(\sin\theta\sin\theta_0\cos(\varphi-\varphi_0)+\cos\theta\cos\theta_0) \tag{7-25}$$

当 $R=R_0$ 时，

$$u_1=u_2 \tag{7-26}$$

$$\varepsilon_0\left(\varepsilon_{11}\frac{\partial u_1}{\partial R}+\varepsilon_{12}\frac{1}{R}\cdot\frac{\partial u_1}{\partial\theta}+\varepsilon_{13}\frac{1}{R\sin\theta}\cdot\frac{\partial u_1}{\partial\varphi}\right)-\varepsilon_0\frac{\partial u_2}{\partial R}=\sigma f(\theta) \tag{7-27}$$

于是，比较同类项系数，解得各系数分别为

$$\begin{cases} a_{0,0}=\dfrac{\sigma R_0 H(\theta_0-\theta)}{\varepsilon_0} \\ a_{0,1}=\dfrac{-3E_0\cos\theta_0}{\varepsilon_3+2} \\ a_{1,1}=\dfrac{-3E_0\sin\theta_0\cos\varphi_0}{\varepsilon_1+2} \\ C_{1,1}=\dfrac{-3E_0\sin\theta_0\sin\varphi_0}{\varepsilon_2+2} \end{cases} \tag{7-28}$$

$$(a_{m,n}=0,\ m\neq 0,1,\ n\geqslant 2;\ C_{m,n}=0,\ m\neq 1,\ n\neq 1)$$

$$\begin{cases} f_{0,0}=\dfrac{\sigma R_0^2 H(\theta_0-\theta)}{\varepsilon_0} \\ f_{0,1}=\dfrac{\varepsilon_3-1}{\varepsilon_3+2}E_0R_0^3\cos\theta_0 \\ f_{1,1}=\dfrac{\varepsilon_1-1}{\varepsilon_1+2}E_0R_0^3\sin\theta_0\cos\varphi_0 \\ h_{1,1}=\dfrac{\varepsilon_2-1}{\varepsilon_2+2}E_0R_0^3\sin\theta_0\sin\varphi_0 \end{cases} \tag{7-29}$$

$$(f_{m,n}=0,\ m\neq 0,1,\ n\geqslant 2;\ h_{m,n}=0,\ m\neq 1,\ n\neq 1)$$

于是将式(7-28)和式(7-29)的系数代入到电势的表达式(6-1)、式(6-2)中，得到电势解为

$$u_1=\frac{\sigma R_0 H(\theta_0-\theta)}{\varepsilon_0}+\frac{-3E_0\cos\theta_0}{\varepsilon_3+2}R\cos\theta+\frac{-3E_0\sin\theta_0\cos\varphi_0}{\varepsilon_1+2}R\sin\theta\cos\varphi + \frac{-3E_0\sin\theta_0\sin\varphi_0}{\varepsilon_2+2}R\sin\theta\sin\varphi \tag{7-30}$$

$$u_2=\frac{f_{0,0}}{R}+AR\cos\theta+BR\sin\theta\cos\varphi+DR\sin\theta\sin\varphi+\frac{AR_0^3}{R^2}\cdot\frac{\varepsilon_3-1}{\varepsilon_3+2}\cos\theta + \frac{BR_0^3}{R^2}\cdot\frac{\varepsilon_1-1}{\varepsilon_1+2}\sin\theta\cos\varphi+\frac{DR_0^3}{R^2}\cdot\frac{\varepsilon_2-1}{\varepsilon_2+2}\sin\theta\sin\varphi \tag{7-31}$$

式中，$A=-E_0\cos\theta_0$，$B=-E_0\sin\theta_0\cos\varphi_0$，$D=-E_0\sin\theta_0\sin\varphi_0$。

对于局部均匀带电球形粒子球内、外电势 u_1 和 u_2，分以下两种情况讨论：

(1) 当不考虑粒子表面带电时，即为各向异性球，于是可得

$$u_1=\frac{-3E_0\cos\theta_0}{\varepsilon_3+2}R\cos\theta+\frac{-3E_0\sin\theta_0\cos\varphi_0}{\varepsilon_1+2}R\sin\theta\cos\varphi + \frac{-3E_0\sin\theta_0\sin\varphi_0}{\varepsilon_2+2}R\sin\theta\sin\varphi \tag{7-32}$$

$$u_2=AR\cos\theta+BR\sin\theta\cos\varphi+DR\sin\theta\sin\varphi+\frac{AR_0^3}{R^2}\cdot\frac{\varepsilon_3-1}{\varepsilon_3+2}\cos\theta + \frac{BR_0^3}{R^2}\cdot\frac{\varepsilon_1-1}{\varepsilon_1+2}\sin\theta\cos\varphi+\frac{DR_0^3}{R^2}\cdot\frac{\varepsilon_2-1}{\varepsilon_2+2}\sin\theta\sin\varphi \tag{7-33}$$

上述结果与李应乐等人给出的结果完全一致，这表明已有的不带电各向异性球 Rayleigh 散射的结论是本节式(7-30)、式(7-31)的一种特殊情况，说明式(7-30)和式(7-31)的正确性。

(2) 当 $\varepsilon_3=\varepsilon_2=\varepsilon_1=\frac{\varepsilon}{\varepsilon_0}$，且 $\theta_0=\varphi_0=0$ 时，外电场在 z 轴方向上，$B=D=0$，于是该研究问题变为沿 z 轴取向、均匀的平行外电场 E_0 作用下，带电各向异性球形粒子球的电势分布情况，可得

$$u_1=\frac{\sigma R_0 H(\theta_0-\theta)}{\varepsilon_0}+\frac{-3\varepsilon_0 E_0\cos\theta_0}{\varepsilon+2\varepsilon_0}R\cos\theta \tag{7-34}$$

$$u_2=\frac{\sigma R_0^2 H(\theta_0-\theta)}{R\varepsilon_0}-E_0R\cos\theta+\frac{E_0R_0^3}{R^2}\cdot\frac{\varepsilon-\varepsilon_0}{\varepsilon+2\varepsilon_0}\cos\theta \tag{7-35}$$

上述结果与何淑琴给出的结果完全一致，这表明已有的结论是本节式(7-30)、式(7-31)的一种特殊情况，说明式(7-30)和式(7-31)的正确性。

根据电场强度和电势的关系 $\boldsymbol{E}_{\text{in}}=-\nabla u_1$，以及球坐标与直角坐标系的转化关系，于是，带电各向异性球形粒子球内电场为

$$\begin{aligned}\boldsymbol{E}_{\text{in}}&=\frac{3E_0\cos\theta_0}{\varepsilon_3+2}(\hat{\boldsymbol{e}}_r\cos\theta-\hat{\boldsymbol{e}}_\theta\sin\theta)+\frac{3E_0\sin\theta_0\cos\varphi_0}{\varepsilon_1+2}(\hat{\boldsymbol{e}}_r\sin\theta\cos\varphi+\hat{\boldsymbol{e}}_\theta\cos\theta\cos\varphi-\hat{\boldsymbol{e}}_\varphi\sin\varphi)\\&\quad+\frac{3E_0\sin\theta_0\sin\varphi_0}{\varepsilon_2+2}(\hat{\boldsymbol{e}}_r\sin\theta\sin\varphi+\hat{\boldsymbol{e}}_\theta\cos\theta\sin\varphi+\hat{\boldsymbol{e}}_\varphi\cos\varphi)+\frac{\sigma R_0}{R\varepsilon_0}\delta(-\theta_0'-\theta)\hat{\boldsymbol{\theta}}\\&=\frac{3E_0\cos\theta_0}{\varepsilon_3+2}\hat{\boldsymbol{z}}+\frac{3E_0\sin\theta_0\cos\varphi_0}{\varepsilon_1+2}\hat{\boldsymbol{x}}+\frac{3E_0\sin\theta_0\sin\varphi_0}{\varepsilon_2+2}\hat{\boldsymbol{y}}+\frac{\sigma R_0}{R\varepsilon_0}\delta(-\theta_0'-\theta)\hat{\boldsymbol{\theta}}\end{aligned} \tag{7-36}$$

7.3.2 局部均匀带电球形粒子的散射特性

为方便计算，令 $\boldsymbol{E}_{\text{in}}=E_2\hat{\boldsymbol{y}}+E_1\hat{\boldsymbol{x}}+E_3\hat{\boldsymbol{z}}+E_4\hat{\boldsymbol{\theta}}$，球形粒子的散射场为

$$\boldsymbol{E}_{\text{s}}=\boldsymbol{f}(\hat{\boldsymbol{i}},\hat{\boldsymbol{r}})\frac{\exp(\mathrm{j}kr)}{r}$$

$$\boldsymbol{f}(\hat{\boldsymbol{i}},\hat{\boldsymbol{r}})=\frac{k^2}{4\pi}\int_{V'}(-\hat{\boldsymbol{r}}\times(\hat{\boldsymbol{r}}\times(\varepsilon_r\cdot\boldsymbol{E}-\boldsymbol{E})))\exp(-\mathrm{j}k\boldsymbol{r}'\cdot\hat{\boldsymbol{r}})\mathrm{d}V'$$

式中，$\boldsymbol{f}(\hat{\boldsymbol{r}},\hat{\boldsymbol{i}})$为散射振幅矢量；$\boldsymbol{E}(\boldsymbol{r})$为带电球形粒子内部的电场。将式(7-36)代入上式中，可得

$$\begin{aligned}\boldsymbol{f}(\hat{\boldsymbol{i}},\hat{\boldsymbol{r}})=\frac{k^2}{4\pi}\int_{V'}(-\hat{\boldsymbol{r}}\times(\hat{\boldsymbol{r}}\times(E_2(\varepsilon_2-1)\hat{\boldsymbol{y}}+E_1(\varepsilon_1-1)\hat{\boldsymbol{x}}+E_3(\varepsilon_3-1)\hat{\boldsymbol{z}})\\+E_4(\varepsilon_{12}\hat{\boldsymbol{e}}_r+\varepsilon_{22}\hat{\boldsymbol{e}}_\theta+\varepsilon_{32}\hat{\boldsymbol{e}}_\varphi-\hat{\boldsymbol{e}}_\theta)))\exp(-\mathrm{j}k\boldsymbol{r}'\cdot\hat{\boldsymbol{r}})\mathrm{d}V'\end{aligned} \tag{7-37}$$

式中，V 为球形粒子的体积；$\hat{\boldsymbol{i}}$、$\hat{\boldsymbol{r}}$ 分别为入射电场方向和散射方向的单位矢量。

对于瑞利分布散射，其散射振幅为

$$\boldsymbol{f}(\hat{\boldsymbol{i}},\hat{\boldsymbol{r}})=\frac{k^2}{4\pi}((E_2(\varepsilon_2-1)\hat{\boldsymbol{y}}+E_1(\varepsilon_1-1)\hat{\boldsymbol{x}}+E_3(\varepsilon_3-1)\hat{\boldsymbol{z}})$$

$$-\hat{\boldsymbol{r}}(E_2(\varepsilon_2-1)r_y+E_1(\varepsilon_1-1)r_x+E_3(\varepsilon_3-1)r_z))+\frac{k^2\sigma R_0^3\sin\theta'_0}{4\pi\varepsilon_0 E_0}((\varepsilon_{22}-1)\hat{\boldsymbol{e}}_\theta-\varepsilon_{32}\hat{\boldsymbol{e}}_\varphi) \tag{7-38}$$

于是，带电球形粒子的微分散射截面为

$$\begin{aligned}\sigma_d=\frac{k^4V^2}{(4\pi)^2}(&|E_1(\varepsilon_1-1)(1-r_x^2)-r_xr_yE_2(\varepsilon_2-1)-r_xr_zE_3(\varepsilon_3-1)+E'_4((\varepsilon_{22}-1)r_{xx}+\varepsilon_{32}r'_x)|^2\\&+|E_2(\varepsilon_2-1)(1-r_y^2)-r_xr_yE_1(\varepsilon_1-1)-r_yr_zE_3(\varepsilon_3-1)+E'_4((\varepsilon_{22}-1)r_{yy}-\varepsilon_{32}r'_y)|^2\\&+|E_3(1-r_z^2)-r_xr_zE_1-r_yr_zE_2-E'_4((\varepsilon_{22}-1)r_{zz})|^2)\end{aligned} \tag{7-39}$$

式中，$r_{xx}=\cos\theta\cos\varphi$，$r_{yy}=\cos\theta\sin\varphi$，$r_{zz}=\sin\theta$，$r'_x=\sin\varphi$，$r'_y=\cos\varphi$，$E'_4=\dfrac{k^2\sigma R_0^3\sin\theta'_0}{4\pi\varepsilon_0 E_0}$。

7.3.3 局部非均匀带电球形粒子内/外电势及电场

对于电荷非均匀分布的情况，为了能得到其理论解，令电荷分布函数为

$$f(\theta,\varphi)=f(\theta)=\sigma_1 P_n^m(\cos\theta),\ (0<\theta<\pi) \tag{7-40}$$

式中，σ_1 为电荷非均匀分布时电荷密度的振幅。

同理，利用电势的表达式和边界条件，可以确定其系数如下：

$$\begin{cases}a_{0,1}=\dfrac{\sigma_1-3\varepsilon_0E_0\cos\theta_0}{\varepsilon_3+2\varepsilon_0}\\ a_{1,1}=\dfrac{-3\varepsilon_0E_0\sin\theta_0\cos\varphi_0}{\varepsilon_1+2\varepsilon_0}\\ C_{1,1}=\dfrac{-3\varepsilon_0E_0\sin\theta_0\sin\varphi_0}{\varepsilon_2+2\varepsilon_0}\end{cases} \tag{7-41}$$

$$(a_{m,n}=0,\ m\neq0,\ 1,\ n\neq1;\ C_{m,n}=0,\ m\neq1,\ n\neq1)$$

$$\begin{cases}f_{0,1}=\dfrac{\sigma_1+(\varepsilon_s-\varepsilon_0)}{\varepsilon_3+2\varepsilon_0}E_0R_0^3\cos\theta_0\\ f_{1,1}=\dfrac{\varepsilon_s-\varepsilon_0}{\varepsilon_1+2\varepsilon_0}E_0R_0^3\sin\theta_0\cos\varphi_0\\ h_{1,1}=\dfrac{\varepsilon_s-\varepsilon_0}{\varepsilon_2+2\varepsilon_0}E_0R_0^3\sin\theta_0\sin\varphi_0\end{cases} \tag{7-42}$$

$$(f_{m,n}=0,\ m\neq0,\ 1,\ n\neq1;\ h_{m,n}=0,\ m\neq1,\ n\neq1)$$

于是将式(7-41)和式(7-42)的系数代入到式(6-1)和式(6-2)中，得到电势解为

$$\begin{aligned}u_1=&\frac{\sigma_1-3\varepsilon_0E_0\cos\theta_0}{\varepsilon_3+2\varepsilon_0}R\cos\theta+\frac{-3\varepsilon_0E_0\sin\theta_0\cos\varphi_0}{\varepsilon_1+2\varepsilon_0}R\sin\theta\cos\varphi\\&+\frac{-3\varepsilon_0E_0\sin\theta_0\sin\varphi_0}{\varepsilon_2+2\varepsilon_0}R\sin\theta\sin\varphi\end{aligned} \tag{7-43}$$

$$\begin{aligned}u_2=&AR\cos\theta+BR\sin\theta\cos\varphi+DR\sin\theta\sin\varphi+\frac{f_{0,1}}{R^2}\cos\theta\\&+\frac{f_{1,1}}{R^2}\sin\theta\cos\varphi+\frac{h_{1,1}}{R^2}\sin\theta\sin\varphi\end{aligned} \tag{7-44}$$

对于非均匀带电球形粒子球内、外电势 u_1 和 u_2，当 $\theta_0=\varphi_0=0$ 时，外电场在 z 轴方向上，$B=D=0$，且 $\varepsilon_3=\varepsilon_2=\varepsilon_1=\dfrac{\varepsilon}{\varepsilon_0}$，$\sigma_1=0$。于是该研究问题变为沿 z 轴取向、均匀的平行外电场 $\boldsymbol{E}_0$ 作用下，非均匀带电球形粒子球的电势分布情况，可得

$$u_1=\frac{-3\varepsilon_0 E_0}{\varepsilon_s+2\varepsilon_0}R\cos\theta \tag{7-45}$$

$$u_2=-E_0 R\cos\theta+\frac{E_0 R_0^3}{R^2}\cdot\frac{\varepsilon_s-\varepsilon_0}{\varepsilon_s+2\varepsilon_0}\cos\theta \tag{7-46}$$

上述结果与 Stratton 给出的结论完全一致，表明已有的结论是本节式(7 - 43)、式(7 - 44)的一种特殊情况，说明式(7 - 43)和式(7 - 44)的正确性。

根据电场强度和电势的关系 $\boldsymbol{E}_{\text{in}}=-\nabla u_1$，以及球坐标与直角坐标系的转化关系，于是非均匀带电球形粒子球内电场为

$$\begin{aligned}\boldsymbol{E}_{\text{in}}=&\frac{3E_0\cos\theta_0-\sigma_1}{\varepsilon_3+2}(\hat{\boldsymbol{e}}_r\cos\theta-\hat{\boldsymbol{e}}_\theta\sin\theta)+\frac{3E_0\sin\theta_0\cos\varphi_0}{\varepsilon_1+2}(\hat{\boldsymbol{e}}_r\sin\theta\cos\varphi+\hat{\boldsymbol{e}}_\theta\cos\theta\cos\varphi-\hat{\boldsymbol{e}}_\varphi\sin\varphi)\\&+\frac{3E_0\sin\theta_0\sin\varphi_0}{\varepsilon_2+2}(\hat{\boldsymbol{e}}_r\sin\theta\sin\varphi+\hat{\boldsymbol{e}}_\theta\cos\theta\sin\varphi+\hat{\boldsymbol{e}}_\varphi\cos\varphi)\\=&\frac{3E_0\cos\theta_0-\sigma_1}{\varepsilon_3+2}\hat{\boldsymbol{z}}+\frac{3E_0\sin\theta_0\cos\varphi_0}{\varepsilon_1+2}\hat{\boldsymbol{x}}+\frac{3E_0\sin\theta_0\sin\varphi_0}{\varepsilon_2+2}\hat{\boldsymbol{y}}\end{aligned} \tag{7-47}$$

7.3.4　局部非均匀带电球形粒子的散射特性

为方便计算，令 $\boldsymbol{E}_{\text{in}}=E_2\hat{\boldsymbol{y}}+E_1\hat{\boldsymbol{x}}+E_3\hat{\boldsymbol{z}}$，可以得出球形粒子的散射场为

$$\boldsymbol{E}_s=\boldsymbol{f}(\hat{\boldsymbol{i}},\hat{\boldsymbol{r}})\frac{\exp(\mathrm{j}kr)}{r} \tag{7-48}$$

式中，$\boldsymbol{f}(\hat{\boldsymbol{r}},\hat{\boldsymbol{i}})$为散射振幅矢量。

将式(7 - 47)代入散射振幅的计算表达式(7 - 17)中，可得

$$\boldsymbol{f}(\hat{\boldsymbol{i}},\hat{\boldsymbol{r}})=\frac{k^2}{4\pi}\int_{V'}(-\hat{\boldsymbol{r}}\times(\hat{\boldsymbol{r}}\times(E_2(\varepsilon_2-1)\hat{\boldsymbol{y}}+E_1(\varepsilon_1-1)\hat{\boldsymbol{x}}+E_3(\varepsilon_3-1)\hat{\boldsymbol{z}})))\exp(-\mathrm{j}k\boldsymbol{r}'\cdot\hat{\boldsymbol{r}})\mathrm{d}V' \tag{7-49}$$

对于瑞利分布散射，其散射振幅可表示为

$$\boldsymbol{f}(\hat{\boldsymbol{i}},\hat{\boldsymbol{r}})=\frac{k^2V}{4\pi}(-\hat{\boldsymbol{r}}\times(\hat{\boldsymbol{r}}\times(E_2(\varepsilon_2-1)\hat{\boldsymbol{y}}+E_1(\varepsilon_1-1)\hat{\boldsymbol{x}}+E_3(\varepsilon_3-1)\hat{\boldsymbol{z}}))) \tag{7-50}$$

式中，V 为球形粒子的体积；$\hat{\boldsymbol{i}}$、$\hat{\boldsymbol{r}}$ 分别为入射电场方向和散射方向的单位矢量。令 $\hat{\boldsymbol{r}}=\hat{\boldsymbol{x}}\sin\theta\cos\varphi+\hat{\boldsymbol{y}}\sin\theta\sin\varphi+\hat{\boldsymbol{z}}\cos\theta=r_x\hat{\boldsymbol{x}}+r_y\hat{\boldsymbol{y}}+r_z\hat{\boldsymbol{z}}$，于是该散射振幅为

$$\begin{aligned}\boldsymbol{f}(\hat{\boldsymbol{i}},\hat{\boldsymbol{r}})=&\frac{k^2V}{4\pi}((E_2(\varepsilon_2-1)\hat{\boldsymbol{y}}+E_1(\varepsilon_1-1)\hat{\boldsymbol{x}}+E_3(\varepsilon_3-1)\hat{\boldsymbol{z}})\\&-\hat{\boldsymbol{r}}(E_2(\varepsilon_2-1)r_y+E_1(\varepsilon_1-1)r_x+E_3(\varepsilon_3-1)r_z))\end{aligned} \tag{7-51}$$

根据非均匀带电球形粒子的微分散射截面定义如下：

$$\sigma_{\mathrm{d}}(\hat{\boldsymbol{o}},\ \hat{\boldsymbol{i}})=\lim_{R\to\infty}\left(\frac{(R^2S_{\mathrm{s}})}{S_i}\right)=|\boldsymbol{f}(\hat{\boldsymbol{o}},\ \hat{\boldsymbol{i}})|^2 \tag{7-52}$$

于是，非均匀带电球形粒子的微分散射截面为

$$\begin{aligned}\sigma_{\mathrm{d}}=&\frac{k^4V^2}{(4\pi)^2}\left|\frac{1}{\varepsilon_r+2}\right|^2(|E_1(1-r_x^2)(\varepsilon_1-1)-r_xr_yE_2(\varepsilon_2-1)-r_xr_zE_3(\varepsilon_3-1)|^2\\&+|E_2(1-r_y^2)(\varepsilon_2-1)-r_xr_yE_1(\varepsilon_1-1)+r_yr_zE_3(\varepsilon_3-1)|^2\\&+|E_3(1-r_z^2)(\varepsilon_3-1)-r_xr_zE_1(\varepsilon_1-1)-r_yr_z\,E_2(\varepsilon_2-1)|^2)\end{aligned} \tag{7-53}$$

7.3.5 数值计算与结果讨论

根据式(7-53)计算非均匀带电球形粒子微分散射截面，参数选择为：电磁波的频率为20 GHz，非均匀带电球的半径为0.3 mm，取外电场方向沿轴向。图7-7所示是微分散射截面随观察方位的变化关系。从图中可以看出，微分散射随θ角敏感变化，当观察角接近于0或180°时，散射最弱。当介质球表面电荷非均匀分布时，随着表面电荷增大，在相同的情况下，微分散射截面减小。

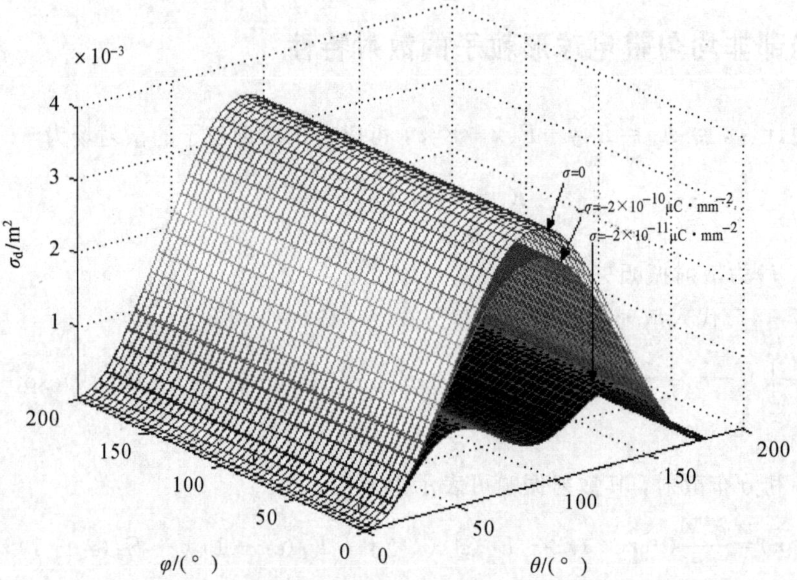

图7-7　微分散射截面与观察方位的关系

图7-8所示为取外电场方向沿轴向时，微分散射截面随介电常数张量的变化关系。从图中可以看出，介电常数ε_3越大，散射越大；当ε_2变化时，对微分散射截面没有影响。

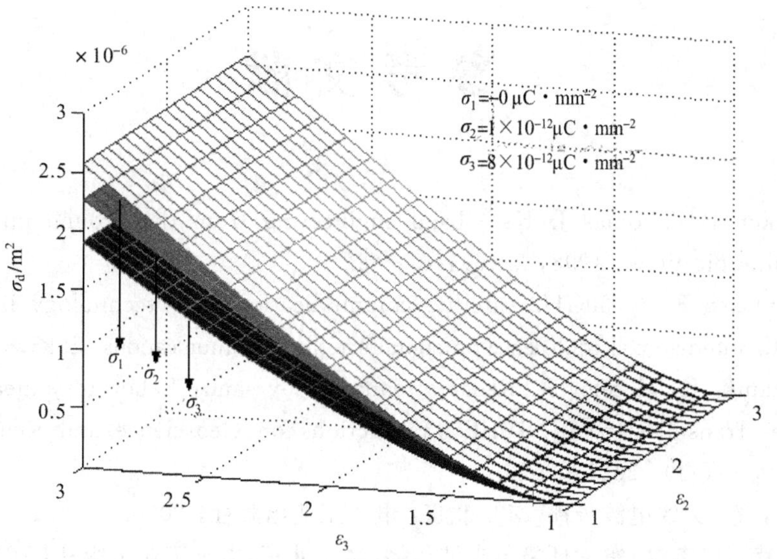

图 7－8　微分散射截面与介电常数张量的关系

本章小结

本章首先对各向异性介质球的任意入射(平面)波的 Rayleigh 散射，给出局部均匀带电各向异性球的边界条件，应用分离变量法详细推导出各向异性带电球形粒子的内/外电势和电场的解析式。当不考虑粒子带电因素条件(即粒子为各向异性球形粒子)时，本章的研究结果与有关文献完全一致，当在电磁波沿 x 轴方向极化、z 方向入射且 $\varepsilon_3=\varepsilon_2=\varepsilon_1=\varepsilon/\varepsilon_0$ 时，本章的研究结果与有关文献完全一致，从不同的角度验证本章研究结果的正确性。应用随机介质中的波传播与散射理论，推导出局部均匀带电球形粒子的散射振幅、微分散射截面的表达式。

其次，在各向异性带电球形粒子表面电荷为非均匀分布时，采用同样的研究方法，得到各向异性球内/外的电势、电场的解析式，并验证了其正确性；推导出其散射振幅、微分散射截面的解析式。数值计算了观察角、表面电荷对微分散射截面的影响，其结果表明微分散射随 θ 角敏感变化，当观察角接近于 0 或 180°时，散射最弱。对于介质球表面电荷非均匀分布时，随着表面电荷增大，在相同的情况下，微分散射截面将减小。

参考文献

[1] Shuken B, Thomas J. Ka - band engineering from the ground up[J]. Satellite Communications, 1998, 22(6): 40 - 43.

[2] Aramasso F. 20/30GHz satellite communication: the technology is mature[C]. Tenth international conference on digital satellite communications, 1995, 5: 152 - 158.

[3] Williams, K, Greeley R. Radar attenuation by sand: Laboratory measurements of radar transmission[J]. IEEE Transactions on Geoscience and Remote Sensing, 2001, 39(11): 2521 - 2526.

[4] 熊浩，等. 无线电波传播[M]. 北京：电子工业出版社，2000.

[5] 焦培南，张忠智. 雷达环境与电波传播[M]. 北京:电子工业出版社，2004.

[6] Renno N O, Wong A S, Atreya S K. Electrical discharges in the martian dust devils and dust storms[C]. Sixth International Conference on Mars, 2003.

[7] Klacka J, Kocifaj M. Scattering of electromagnetic waves by charged spheres and some physical consequenes[J]. Journal of Quantitative Spectroscopy & Radiative Transfer, 2007, 106: 170 - 183.

[8] Shaw P E. Tribo - electricity and friction, IV: Electricity due to air - blow particles [J]. Proc R Soc A, 1929, 122: 49 - 58.

[9] Gill W B. Frictional electrification of sand[J]. Nature, 1948, 18(4): 568 - 569.

[10] Bashir S O, Mxewan N J. Microwave propagation in dust storms: a review[J]. IEE Proceedings - H, 1986, 133(3): 241 - 247.

[11] Edard E, Altshuler. The effect of a low altitude nuclear burst on millimeter wave propagation[C]. AD - P00388.

[12] Ansari A J, Evans B G. Microwave propagation in sand and dust storms[J]. IEE Proceedings - F, 1982, 129(5): 315 - 322.

[13] Chu T S. Effects of sandstorms on microwave propagation[J]. Bell.Syst.Tech.J, 1979, 58: 549 - 555.

[14] Ghobrial S I, Sharief S M. Microwave attenuation and cross polarization in dust storms[J]. IEEE Trans.on AP, 1987, 35(4): 418 - 427.

[15] Ghobrial S I. Effect of sandstorms on microwave propagation[C]. IEEE National Telecommunication Conference, 1980, 2: 43.5.1 - 43.5.4.

[16] Bashir S O, Dissanayake A W, Mcewan N J. Prediction of forward scattering and cross polarization due to dry sand storms in Sudan in the 9.4GHz Band[C]. ITU Telecomm, 1980: 462 - 467.

[17] Kumar. Attenuation due to accretion of sand and dust on reflector antennas at

microwave frequencies[C]. IEE conf. Publ, 1981, 155: 518 - 521.

[18] Bashir S O , Mcewan N J. Crosspolarization and gain reduction due to sand or dust on microwave reflector antennas[J]. Electro.Lett, 1985, 21: 379 - 380.

[19] Ahmed A S. Role of particle - size distribution on millimeter propagation in sand/dust storms[J]. IEE Proceedings - F, 1987, 134(1): 55 - 59.

[20] AliA A. Effect of particle size distribution on millimeter wave propagation into sandstorms [J]. International Journal of Infrared and Millimeter Waves, 1986, 7(6): 857 - 868.

[21] Ahmed A S, Ali A, Alhaider M A. Airborne dust size analysis for tropospheric propagation of millimetric waves into dust storms[J]. IEEE Trans.on GE and RES, 1987, 25(5): 599 - 693.

[22] Goldhirsh J. Attenuation and Backscatter from a Derived Two - Dimensional Duststorm Model[J]. IEEE transactions on antennas and propagation, 2001, 49(12): 1703 - 1711.

[23] Gang H, Ping Y. Microwave scattering properties of sand particles: Application to the simulation of microwave radiances over sandstorms. Journal of Quantitative Spectroscopy & Radiative Transfer, 2008,109: 684 - 702.

[24] Dobson M C, Ulaby F T, Hallikainen M T, et al. Microwave Dielectric Behavior of Wet Soil - Part II: Dielectric Mixing Models[J]. Geoscience & Remote Sensing IEEE Transactions on, 1985, GE - 23(1): 35 - 46.

[25] Islam M R, Elabdin Z, Elshaikh O, et al. Prediction of signal attenuation due to duststorms using mie scattering[J]. Iium Engineering Journal, 2010, 11: 71 - 87.

[26] Dong X Y, Chen H Y, Ku C C. Microwave and millimeter - wave attenuation in sand and dust storms[J]. IEEE Antennas & Wireless Propagation Letters, 2012, 10(1): 469 - 471.

[27] Elabdin Z, Islam M R, Khalifa O O. Mathematical model for the prediction of microwave signal attenuation due to duststorms[J]. Progress In Electromagnetics Research M, 2009, 6: 139 - 153.

[28] Elfatih A. A. Elshdikh. The effect of particle size distribution on dust storm attenuation prediction for microwave propagation[C]. International Conference On Computer And Communication Engineering, 2010: 11 - 13.

[29] Islam M R, Elshaikh Z E, Khalifa O O, et al. Fade margin analysis due to duststorm based on visibility data measured in a desert[J]. American Journal of Applied Sciences, 2010, 7(4): 551 - 555.

[30] Srivastava S K, Vishwakarma B R. Cross - polarization and attenuation of microwave/millimeter wave propagation in storm layer containing sand, silt and clay as dust constituents. IE (I) Journal - ET, 2003, 84: 30 - 38.

[31] Srivastava S K, Vishwakarma B R. Depolarization of Microwave/millimeter Wave in Sand and Dust Storms[J]. Iete Journal of Research, 2002, 48(2): 133 - 138.

[32] Fredrick S S, Jothiram V. Propagation delays induced in GPS signals by dry air, water, vapor, hydrometeors and other particulates[J]. J Geophy Res D, 1999, 104

(8)：9663－9670.

[33] Ghobrial S I，Jervase J A. Microwave Propagation in Dust Storms at 10.5 GHz－A Case Study in Khartoum，Sudan[J]. Ieice Transactions on Communications，1998，E80－B(11)：1722－1727.

[34] Vishvakarma B R，Rai C S. Limitations of Rayleigh scattering in the prediction of millimeter wave attenuation in sand and dust storms[C]. in Proceedings of the IEEE International Symposium on Geoscience and Remote Sensing，IEEE，1993：267－269.

[35] Haddad S，Salman M J. Effects of dust/sand storms on some aspects of microwave propagation. In：Proc. URSI Commission F Symposium. Louvain－la－Neuve，Belgium：ESA publication SP－194，1983：153－161.

[36] Ghobrial S I. Effect of hydroscopic water on dielectric constant of dust at X－band [J]. Electro.Lett，1980，16(10)：393－394.

[37] Goldhirsh J. A parameter review and assessment of attenuation and backscatter properties associated with dust storms over desert regions in the frequency range of 1 to 10GHz[J]. IEEE Trans.on Antennas and Propagation，1982，30(6)：1121－1127.

[38] Wang J R. The dielectric properties of soil－water mixtures at microwave frequencies [J]. Radio Science，1977，15(5)：215－222.

[39] Christian M. Microwave Permittivity of Dry Sand[J].IEEE Trans on Geoscience and Remote Sensing，1998，36(1)：317－319.

[40] Sihvola A H，Kong J A. Effective Permittivity of Dielectric Mixture[J]. IEEE Transactions on Geoscience & Remote Sensing，1988，26(4)：420－429.

[41] Hallikainen M T，Ulaby F T，Dobson M C，et al. Microwave Dielectric Behavior of Wet Soil－Part 1：Empirical Models and Experimental Observations[J]. IEEE Transactions on Geoscience & Remote Sensing，2007，GE－23(1)：25－34.

[42] Alhaider M A，Ali A A. Experimental studies on millimeterwave and infrared propagation in arid land：The effect of sand storms. Sixth International Conference on Antennas and Propagation ICAP，1989.

[43] AlhaiderM A. Radio wave propagation into sandstorms system design based on ten－years visibility data in Riyadh，Saudi Arabia[J]. In. J. Inf. Millim. Waves，1986，7，1339－1359.

[44] 尹文言，肖景明. 沙尘暴对微波通信线路的影响[J]. 通信学报，1991，5，12(5)：91-96.

[45] 董庆生，赵振维，从洪军. 沙尘引起的毫米波衰减[J]. 电波科学学报，1996，11(2)：29－32.

[46] Li Y，Huang J. Polarization Filtering Processing for a Conductor Target in Dust Storms[J]. Journal of Electromagnetic Waves and Application，2002，16(3)：1711－1718.

[47] 胡大璋. 黄河滩沙尘粒径分布及形状的测试[J]. 电波科学学报，1993，8(4)：63－69.

[48] Yan Y. Multiple scattering solution of millimeter wave propagation in strong sandstorm

[J]. International Journal of Infrared and Millimeter, 2001, 22(2): 361-371.

[49] Yan Y. Microwave propagation in saline dust storms[J]. International Journal of Infrared and Millimeter, 2004, 25: 1237-1243.

[50] 尹文言，肖景明. 圆极化微波，毫米波在浮尘中传播的交叉去极化效应[J]. 电波科学学报，1990(2): 44-50.

[51] 周旺，周东方，侯德亭，等. 微波传输中沙尘衰减的计算与仿真[J]. 强激光与粒子束，2005，17(8): 1259-1262.

[52] Xu Y, Huang J, Li Y. The Effect of Attenuation Induced by Sand and Dust Storms on Ka-Band Electromagnetic Wave Propagation Along Earth-Space Paths[J]. International Journal of Infrared & Millimeter Waves, 2002, 23(11): 1677-1682.

[53] 吴振森，由金光，杨瑞科. 激光在沙尘暴中的衰减特性研究[J]. 中国激光，2004，31(9): 1075-1080.

[54] Li Y L, Huang J Y, Yang R K. The Effects Induced by Turbulence and Dust Storms on Millimeter Waves[J]. International Journal of Infrared and Millimeter Waves, 2002, 23(3): 435-443.

[55] Yang R, Wu Z, You J. The Study of MMW and MW Attenuation Considering Multiple Scattering Effect in Sand and Dust Storms at Slant Paths[J]. International Journal of Infrared & Millimeter Waves, 2003, 24(8): 1383-1392.

[56] Xu Y X, Huang J Y, Li Y L. The effects induced by sand and dust storms on Ka-band electromagnetic wave propagation along earth-space paths[J]. International Journal of Infrared and Millimeter Waves, 2002, 23(11): 1677-1682.

[57] Chen H Y, Ku C C. Calculation of Wave Attenuation in Sand and Dust Storms by the FDTD and Turning Bands Methods at 10-100 GHz[J]. IEEE Transactions on Antennas & Propagation, 2012, 60(6): 2951-2960.

[58] Dong Q F, Li Y L, Xu J D, et al. Effect of Sand and Dust Storms on Microwave Propagation[J]. IEEE Transactions on Antennas & Propagation, 2013, 61(2): 910-916.

[59] Dong Q F, Li Y L, Xu J D, et al. Backscattering characteristics of millimeter wave radar in sand and dust storms[J]. Journal of Electromagnetic Waves & Applications, 2014, 28(9): 1075-1084.

[60] 李曙光，刘晓东，侯蓝田. 沙尘暴对低层大气红外辐射的吸收和衰减[J]. 电波科学学报，2003，18(1): 43-47.

[61] Zheng X J, Huang N, Zhou Y H. Laboratory measurement of electrification of wind-blown sands and simulation of its effect on sandsaltation movement[J]. Journal of Geophysical Research, 2003, 108(10): 43-22.

[62] 屈建军，言穆弘，等. 沙尘暴起电的风洞模拟实验研究[J]. 科学通报 D 辑. 2003，33(6): 593-601.

[63] Yu Z, Peng Z, Liu P, et al. The influence of charged sand particles on the external insulation performance of composite insulators in sandstorm condition[C]. IEEE

8th International Conference on Properties and Applications of Dielectric Materials, Jun. 2006.

[64] He Q S, Zheng X J. Scattering and attenuation of electromagnetic waves by charged sands in sandstorm[J]. K. Engi. Mater., 2003, 243: 557 - 583.

[65] Zhou Y H, He Q S, Zheng X J. Attenuation of electromagnetic wave propagation in sandstorms incorporating charged sand particles[J]. The European Physical Journal E, 2005, 17(2): 181 - 187.

[66] Li X, Li X, Zheng X. Attenuation of an electromagnetic wave by charged dust particles in a sandstorm[J]. Applied Optics, 2010, 49(35): 6756 - 6761.

[67] Dong Q F, Xu J D, Li Y L, et al. Calculation of Microwave Attenuation Effect Due to Charged Sand Particles[J]. Journal of Infrared Millimeter & Terahertz Waves, 2011, 32(1): 55 - 63.

[68] Dong Q F, Xu J D. Effects of Charged Particles Size Distribution on Microwave Propagation in Sandstorms[J]. Journal of Electromagnetic Waves & Applications, 2011, 25(2 - 3): 315 - 325.

[69] Ishimaru A. Wave Propagation and Scattering in Random Media[M]. IEEE, N. Y, 1997.

[70] Xu Z W, Wu J, Wu Z S. Statistical temporal behaviour of pulse wave propagation through continuous random media[J]. Waves in Random and Complex Media, 2003, 13(1): 59 - 73.

[71] 张民，吴振森，张延东. 脉冲波在强起伏湍流介质中的传播特性分析[J]. 物理学报[J]. 2001, 50(6): 1051 - 1057.

[72] Yang R K, Wu Z S, et al. Two - frequency mutual coherence function of millimeter wave in rain[J]. International Journal of Infrared and Millimeter Waves, 2004, 25(3): 503 - 513.

[73] Yang R K. Propagation characteristics of infrared pulse waves through windblown sand and dust atmosphere[J]. International Journal of Infrared and Millimeter Waves, 2007, 28 (2): 181 - 189.

[74] 金亚秋. 电磁散射和热辐射的遥感理论[M]. 北京：科学出版社，1993.

[75] Minter B. Wave propagation in randomly inhomogeneous medium[J]. J.Acoust.Soc. Amer., 1953, 25: 922 - 927.

[76] Liu C, Wernik A, Yeh K. Propagation of pulse trains through a random medium [J]. IEEE Transactions on Antennas & Propagation, 1974, 22(4): 624 - 627.

[77] Ishimaru A, Hong S T. Multiple scattering effects on coherent bandwidth and pulse distortion of a wave propagating in a random distribution of particles[J]. Radio Sci. 1975, 10(6): 637 - 644.

[78] Hong S T, Ishimaru A. Two - frequency mutual coherence function, coherence bandwidth, and coherence time of millimeter and optical wave in rain, fog, and turbulence[J]. Radio Sci. 1976, 11(6): 551 - 559.

[79] Forrer M P. Analysis of millimicrosecond RF pulse wave transmission[J]. Proc. IRE, 1958, 40: 1830-1853.

[80] Terina G I. On the distortion of pulses in ionospheric plasma[J]. RadioEng. Electron Phy, 1967, 8(12): 109-113.

[81] Gibbins G J. Propagation of very short pulses through the absorptive and dispersive atmosphere[J]. IEEE proceedings, 1990, 137(5): 304-310.

[82] Maitra A, Maria D. Propagation of pulses at optical wavelengths through fog-filled medium[J]. Radio Sci, 1996, 31(3): 469-475.

[83] Pinhasi Y, Yahalom A, Harpaz O, et al. Study of ultrawide-band transmission in the extremely high frequency (EHF) band[J]. IEEE Transactions on Antennas & Propagation, 2008, 52(11): 2833-2842.

[84] Georgiadou E M, Panagopoulos A D, Kanellopoulos J D. Millimeter Wave Pulse Propagation through Distorted Raindrops for LOs Fixed Wireless Access Channels [J]. Journal of Electromagnetic Waves & Applications, 2006, 20(9): 1235-1248.

[85] Pinhasi Y, Yahalom A, Pinhasi G A. Propagation analysis of ultrashort pulses in resonant dielectric media[J]. Journal of the Optical Society of America B, 2009, 26(12): 2404-2413.

[86] Kusiel S. Shifrin, llja G. Zolotov. Quasi-stationary scattering of electromagnetic pulses by spherical particles[J]. Applied Optics, 1994, 33(33): 7798-7803.

[87] Kim D W, Xiao G Y, Lee T N. Chirped femtosecond pulse scattering by spherical particles[J]. Applied Optics, 1996, 35(15): 2687-2692.

[88] Shifrin K S, Zolotov I G. Efficiencies for extinction and backscattering of a microwave pulse incident on water drops[J]. IEEE Transactions on Geoscience & Remote Sensing, 1995, 33(2): 509-511.

[89] Stratton J A. Electromagnetic Theory[M]. New York: McGraw-Hill, 1941.

[90] Bohren C F, Huffman D R. Absorption and scattering of light by small particles [M]. New York: Wiley Science Paperback Series Published, 1983.

[91] Kong J A.Theory of Electromagnetic wave[M]. New York: Wiley, 1986.

[92] Hulst V D. Light Scattering by Small Particles[M]. New York, 1981.

[93] Brillouin L. The Scattering Cross Section of Spheres for Electromagnetic Waves[J]. Journal of Applied Physics, 1949, 20(11): 1110-1125.

[94] Aden A L, Kerker M. Scattering of electromagnetic Waves from two concentric Spheres[J]. Journal of Applied Physics, 1951, 22(10): 1242-1246.

[95] Scharfman H. Scattering from dielectric coated spheres in the Region of the First Resonance[J]. Journal of Applied Physics, 1954, 25: 1352-1356.

[96] Albini F A. Scattering of a Plane wave by an inhomogeneous sphere under the Born Approximation[J]. J. Applied Physics, 1962, 33(10): 3032-3036.

[97] Stein R S, Wilson P R, Stidham S N. Scattering of light by Heterogeneous spheres [J]. J.Applied Physics, 1963, 34: 46-51.

[98] Inada H, Plonus M A. The Geometric Optics Contribution to Scattering From a Large Dense Dielectric Sphere [J]. IEEE Transactions on Antennas and Propagation, 1970, 18 (1): 89-99.
[99] Kerker M, Giles C L, Wang D S. Mie scattering from a magnetic sphere - special cases[J]. Journal of the Optical Society of America, 1982, 72 (12): 1826-1830.
[100] Lock J A. Interference Enhancement of the internal fields at structural scattering resonances of a coated sphere[J]. Applied Optics, 1990, 29(9): 3180-3187.
[101] 吴成明，吴振森，肖景明. 双层介质球波散射的近似计算[J]. 西安电子科技大学学报(自然科学版)，1994，21(3)：308-314.
[102] Wu Z, Guo L, Ren K, et al. Improve of electromagnetic scattering of plane wave and beam for multilayered sphere[J]. Appl. Opt, 1997, 36 (21): 5188-5198.
[103] Sun W, Loeb N G, Fu Q. Light scattering by coated sphere immersed in absorbing medium: a comparison between the FDTD and analytic solutions[J]. Journal of Quantitative Spectroscopy & Radiative Transfer, 2004, 83(3): 483-492.
[104] Hovenac E A, Lock J A. Assessing the contributions of surface waves and complex rays to far-field Mie scattering by use of the Debye series[J]. J. Opt. Soc. Am. A, 1992, 9(5): 781-795.
[105] Zrnić D S, Doviak R J, Mahapatra P R. The effect of charge and electric field on the shape of raindrops, Radio Sci, 1984, 19(1): 75-80.
[106] Greeley R, Leack R. A preliminary assessment of the effects of electrostatic on aeolian process. In: Rep Planet Geol Program, 1977-1978, NASA TM79729, 1978. 236-237.
[107] Schmidt D S, Schmidt R A. Electrostatic force on saltating sand[J]. J Geophys Res, 1998, 103(4): 8997-9001.
[108] Bohren C F, Hunt A J. Scattering of electromagnetic waves by a charged sphere [J]. Can. J.Phys., 1977, 55: 1930-1935.
[109] 何琴淑. 沙尘暴的沙粒带电对电磁波的影响. 兰州大学博士学位论文，2005.
[110] 何琴淑，周又和. 带电椭球粒子对电磁波的散射[J]. 兰州大学学报(自然科学版)，2004，40(2)：25-30.
[111] Li H, Wu Z. Electromagnetic scattering by charged dust aggregates[C]Proc. 2006 7th International Symposium on Antennas, Propagation and EM theory, Guilin 2006.
[112] Li H Y, Wu Z S, Xing Z Y. Study on Reflection of Dust Plasma in Polar Mesosphere to Electromagnetic Wave [J]. Journal of Electromagnetic Waves and Applications, 2008, 22(6), 2277-2284.
[113] 李海英. 复杂粒子体系对波束的散射及其应用. 西安电子科技大学博士学位论文，2009.
[114] Heifetz A, Chien H T, Liao S, et al. Millimeter-wave scattering from neutral and charged water droplets[J]. Journal of Quantitative Spectroscopy & Radiative

Transfer, 2010, 11(1), 2550 - 2557.

[115] Helaly A, Soliman E A, Megahed A A. Electromagnetic wave scattering by nonuniform plasma sphere[J]. Canadian Journal of Physics, 1997, 75(12): 919 - 932.

[116] Avdeyev V B, Piskunov K P. Calculation of an effective scattering area of a sphere surrounded by an absorbing plasma layer for the scalar and vector formulation of the problem[J]. Radioelectronics and Communications Systems, 2001, 44: 1 - 3.

[117] Chiu C N, Hsu C G. Scattering and shielding properties of a chiral - coated fiber - reinforced plastic composite cylinder[J]. IEEE Transactions on Electromagnetic Compatibility, 2005, 47(1): 123 - 130.

[118] Monzon J C, Damaskos N. TWO - Dimensional Scattering by a Homogeneous Anisotropic Rod[J]. IEEE Transactions on antennas and propagation, 1986, AP - 34 (10), 1243 - 1249.

[119] Monzon J C. Three - Dimensional Scattering by an Infinite Homogeneous Anisotropic Circular Cylinder: A Spectral Approach[J]. IEEE Transactions on antennas and propagation, 1987, AP - 35(6): 670 - 682.

[120] Monzon J C. Three - Dimensional Field Expansion in the most General Rotationally Symmetric Anisotropic Material: Application to Scattering by a Sphere[J]. IEEE Transactions on antennas and propagation, 1989, 37(6): 728 - 735.

[121] Monzon J C. Two - Dimensional Integral Representations for a Rotationally Invariant Anisotropic Medium: Applications to Scattering[J]. IEEE Transactions on antennas and propagation, 1991, 39 (1): 108 - 111.

[122] Laroussi M. Scattering of electromagnetic waves by a layer of air plasma surrounding a conducting cylinder[J]. International Journal of Infrared and Millimeter Waves, 1996, 17(12): 2215 - 2232.

[123] Liu S B, Liu S Q, Yuan N C. FDTD simulation of bistatic scattering by conductive cylinder covered with inhomogeneous time - varying plasma[J]. Plasma Science & Technology, 2006, 8 (2): 190 - 194.

[124] Kokkorakis G C. Scalar equations for scattering by rotationally symmetric radically in homogeneous anisotropic sphere[J]. PIER, 2008, 3(2): 179 - 186.

[125] Norris A N. Dynamic Green's functions in anisotropic piezoelectric, thermoelastic and poroelastic solids[J]. Proc.R.Soc. Lond.A, 1995, 44(7): 175 - 188.

[126] Wei R. Wave - vector representations of dyadic Green's functions in unbounded homogeneous anisotropic media[J]. Phys. Rev. E, 1993, 47: 664 - 673.

[127] Richmond J H. Scattering by a Ferrite - Coated Conducting Sphere[J]. IEEE Transactions on antennas and propagation, 1987, AP - 35 (1): 73 - 79.

[128] Graglia R D, Uslenghi L E, Zich R S. Moment method with isoparametric elements for three - dimensional anisotropic scatters[J]. Proceedings of the IEEE, 1989, 77(5): 750 - 760.

[129] Varadan V V, Lakhtakia A, Varadan V K. Scattering by Three Dimensional Anisotropic

Scatterers[J]. IEEE Transactions on antennas and propagation, 1989, 37(6): 800 - 802.

[130] Malyuskin A V, Shulga S N. Low Frequency Scattering of a Plane Wave by an Anisotropic Ellipsoid in Anisotropic medium [C]. Proc. VIIth International Conference on mathematical Methods in Electromagnetic Theory, Kharkov, Ukraine1998.

[131] Taflove A, Umashankar K R. Radar cross section of general three - dimensional scatters[J]. IEEE Trans. Electromagnetic Compatibility, 1983, 25: 433 - 440.

[132] 郑宏兴，葛德彪，魏兵. 用FDTD方法计算二维各向异性涂层目标的RCS[J]. 系统工程与电子技术，2003，25(1)：4 - 8.

[133] Wei B, Ge D B. scattering by a two - dimensional cavity filled with anisotropic medium[J]. Wave in random media, 2003, 13(4): 223 - 240.

[134] 张明，洪伟. 单轴双各向异性媒质柱体的电磁散射[J]. 电波科学学报，2000，15(3)：333 - 346.

[135] Wong K L, Chen H T. Electromagnetic scattering by a uniaxially anisotropic sphere[J]. IEE Proceedings - H, 1992, 139(4): 314 - 318.

[136] Ren W, Wu X B. Application of an eigenfunction representation to the scattering of a planewave by an anisotropically coated circular cylinder[J]. J. Phys. D: Appl. Phys., 1995, 28: 1031 - 1039.

[137] 耿友林，吴信宝，官伯然. 导体球涂覆各向异性铁氧体介质电磁散射的解析解[J]. 电子与信息学报，2006，28(9)，1740 - 1743.

[138] Geng Y L, Wu X B, Li L W. Mie scattering by a uniaxial anisotropic sphere[J]. Physical Review E, 2004, 70 (5): 0566601 - 0566608.

[139] 张大跃，杨丽娟. 平面电磁波在径向不均匀等离子体球上的散射研究[J]. 四川大学学报，2006，43(1)：123 - 128.

[140] Geng Y L, Wu X B, Li L W. Analysis of electromagnetic scattering by a plasma anisotropic sphere[J]. Radio Science, 2003, 38(6): 1104 - 1107.

[141] Geng Y L, Wu X B, Li L W. Characterization of Electromagnetic Scattering by a Plasma Anisotropic Spherical Shell[J]. IEEE Antennas and Wireless Propagation Letters, 2004, 3(1): 100 - 103.

[142] Geng Y L, Wu X B, Li L W. Electromagnetic scattering by an inhomogeneous plasma anisotropic sphere of multilayers[J]. IEEE Transactions on Antennas and Propagation, 2005, 53(12): 3982 - 3989.

[143] 李应乐，黄际英. 电磁场的多尺度变换理论及其应用[M]. 西安：西安电子科技大学出版社，2006.

[144] Li Y L, Wang M J, Dong Q F. Rayleigh Scattering for An Electromagnetic Anisotropic Medium Sphere[J]. CHIN. PHYS. LETT, 2009, 27(5): 1 - 4.

[145] 李应乐，王明军，董群锋. 介质球的各向异性瑞利散射[J]. 光子学报，2010，39(3)：504 - 507.

[146] Li Y L, Wang M J, Dong Q F. Investigation of electric fields inside and outside a

magnetised cold plasma sphere, Chinese Physics B, 2010 19(11):115 - 204.

[147] Yan B, Han X E. Liht Scattering of Gaussian beam from eccentrically stratified dielectric sphere and application[J]. Acta Photonica Sinica, 2009, 38(5): 1268 -1274.

[148] Cheng X, Kong J A, Ran L. Polarization of waves in reciprocal and nonreciprocal uniaxially bianisotropic media[J]. PIER, 2008, 4(3): 331 - 335.

[149] Chen H T, Zhu G Q, He S Y. Using Genetic Algorithm to Reduce the Radar Cross Section of Three - Dimensional Anisotropic Impedance Object[J]. Progress in Electromagnetics Research B, 2008, 9: 231 - 248.

[150] Bagnold R A. The physics of blown sand and desert dunes[M]. London, U.K.: Chapman & Hall, 1983.

[151] 钱正安，等. 中国沙尘暴研究[M]. 北京：气象出版社，1997.

[152] 周自江，王锡稳，牛若芸. 近 47 年中国沙尘暴气候特征研究[J]. 应用气象学报，2002，13(2)：193 - 200.

[153] 吴正，刘贤万. 风沙流运动的多相流研究的现状及其展望[C]. 中国科学院兰州沙漠所，No. 7577.

[154] 宋正方. 应用大气光学基础[M]. 北京：气象出版社，1990.

[155] 魏合理，刘庆红，宋正方，等. 红外辐射在雨中的衰减[J]. 红外与毫米波学报，1997，16(6)：418 - 424.

[156] Olsen R L. The aR^b relation in the calculation of rain attenuation[J]. IEEE Trans. on AP, 1978, 26(2): 318 - 328.

[157] Oguchi T. Electromagnetic wave propagation and scattering in rain and other hydrometer [J]. IEEE, 1983, 71(9): 1029 - 1078.

[158] Vasseur H, Gibbins C J. Inference of fog characteristics from attenuation measurements at millimeter and optical wavelengths, Radio Science, 1996, 31(5), 1089 - 1097.

[159] Rober N. Empirical relationshios between extinction coefficient and visibility in fog [J]. Applied Optics, 2005, 44(18): 3795 - 3803.

[160] Rheinstein J. Backscatter from sphere: a short pulse view[J]. IEEE Trans. Antennas Propag, 1968, 16(1): 89 - 97.

[161] Li Y L, Huang J Y. The Scattering Fields for a Spherical Target Irradiated by a Plane Electromagnetic Wave in an Arbitrary Direction[J]. Chinese Physics, 2006, 15(2): 281 - 285.

[162] 韩一平，杜云刚，张华永. 高斯波束对双层粒子的辐射俘获力[J]. 物理学报，2006，55(9)：4557 - 4563.

[163] Holler S. Observations and Calculation of light Scattering from Clusters of Spheres[J]. Applied Optics, 2000, 39: 6877 - 6887.

[164] Jin Y Q. Polarimetric Scattering from a Layer of Random Clusters of Small Spheroids [J]. IEEE Trans. Antennas Propag, 1994, 42(8): 1138 - 1144.

[165] 郭硕鸿. 电动力学[M]. 北京：高等教育出版社，2003.

[166] 王一平. 工程电动力学[M]. 西安：西安电子科技大学出版社，2007.

[167] Kalinenko A N, Tvorogov S D. Scattering of a light pulse by a spherical particle [J]. Soviet Physics Journal, 1972, 15(8): 1145-1148.

[168] Ulaby F T, Moore R K, Fung A K. Microwave Remote Sensing[M]. Addison-Westley Publishing company, 1981.

[169] Woodhouse Iain H. 微波遥感导论[M]. 北京：科学出版社，2014.

[170] 康健，王宇飞. 中国 Ka 波段卫星通信线路的雨衰分布特性[J]. 通信学报，2006，27(8)：78-81.

[171] Laster J D, Stutzman W L. Frenquency scaling of rain attenuation for scatellite communications links [J]. IEEE Transactions on Antennas and Propagation, 1995, 43(11): 1207-1216.

[172] Mandeep J S. Microwave depolarization versus rain attenuation on earth space inMalaysia [J]. International Journal of Satellite Communications and Networking, 2008, 26: 523-530.